浙江理工大学学术著作出版资金资助（2020 年度）

建筑学人文研究方法

Research Methods for Architecture

[英]雷·卢卡斯（Ray Lucas） 著

冯慧超 译

中国建筑工业出版社

著作权合同登记图字：01-2021-3724 号

图书在版编目（CIP）数据

建筑学人文研究方法 /（英）雷·卢卡斯
（Ray Lucas）著；冯慧超译 . —北京：中国建筑工业
出版社，2021.12
　　书名原文：Research Methods for Architecture
　　ISBN 978-7-112-26424-7

　　Ⅰ.①建…　Ⅱ.①雷…②冯…　Ⅲ.①建筑学—人文
科学—研究方法　Ⅳ.TU-0

中国版本图书馆 CIP 数据核字（2021）第 150808 号

责任编辑：戚琳琳　程素荣
责任校对：赵　菲

建筑学人文研究方法
Research Methods for Architecture
[英]雷·卢卡斯（Ray Lucas）　著
冯慧超　译
*
中国建筑工业出版社出版、发行（北京海淀三里河路9号）
各地新华书店、建筑书店经销
北京雅盈中佳图文设计公司制版
北京京华铭诚工贸有限公司印刷
*
开本：787毫米×1092毫米　1/16　印张：13¼　字数：210千字
2021年12月第一版　2021年12月第一次印刷
定价：**78.00**元
ISBN 978-7-112-26424-7
　　　（37951）
版权所有　翻印必究
如有印装质量问题，可寄本社图书出版中心退换
（邮政编码 100037）

作者中文版序

我很高兴能把我的第一本书带给中国读者。我非常感谢冯慧超博士的翻译，也非常感谢中国建筑出版传媒公司让我的作品广泛传播。

写这本书有几个目的。

首先，我围绕曼彻斯特大学建筑学院学生的需求设计了这本书，以帮助他们开展研究活动。我意识到研究——尤其是建筑的历史或理论方面的研究——很少是学生学习的主要原因。很多好的建筑都是建立在研究的基础上：它揭示了环境、合适的材料和建筑类型，帮助我们理解建筑的社会角色等等。当然，建筑师和建筑类专业的学生一直在进行研究，而无需我的帮助——所以这本书的目的是帮助这个过程，提出对读者来说可能是新的研究方法。

从根本上说，研究就是提出问题：是什么、为什么以及怎么做？一旦我们有了更好的问题，我们就可以着手研究如何以严谨和合乎道德的方式回答这些问题。

我对《建筑学人文研究方法》（Laurence King, 2016）第二个目标是讨论研究对建筑学科的意义。这本书汇集了建筑研究所代表的一些可能性。其他学科也对建筑环境感兴趣，那么作为建筑师的我们会为此带来什么？我们的发现与规划师、地理学家、社会学家、人类学家和城市研究学者有何不同？一些答案在于建筑作为一门设计学科的本质，我们从业者的灵活性，以及我们能够进行复杂的图形交流。在这里我想强调的是多种可能性：建筑研究的范围和人类生活本身一样广泛，具有重叠、矛盾和杂乱的性质。本书旨在为发展建筑研究方法提供一个框架，而不是一个明确的陈述：一个充满可能性的工具包，而不是包含说明的手册。

探究建筑研究的意义对我自己作为一名建筑研究者的工作有着重

要的影响。自第一版出版以来,我的研究立场在这五年里有所发展。我又出版了几本书并参与了一些研究项目,这些项目拓宽了我自己的建筑研究范围。在《绘画平行线》(Drawing Parallels)(Routledge, 2019)书中,我通过制作副本来探索轴测图和平行投影图,通过绘制图纸来探究图纸是一种具体化的知识实践。在《建筑师的人类学》(Anthropology for Architects)(Bloomsbury, 2020)书中,我深入研究了自己的社会人类学背景,并研究了如何将社会科学中的关键概念应用于建筑,同时产生建筑人类学和人类学建筑。我的下一部作品《作为建筑的节日》(Festival as Architecture)(Bloomsbury, 2022)挑战了我们最初对建筑的看法,并建立在我与杰玛·布朗(Jemma Browne)和克里斯蒂安·弗罗斯特(Christian Frost)合编的《建筑、节日和城市》(Architecture, Festival and the City)(Routledge, 2018)的基础上。这本新书将对节日如何创造临时和可移动的建筑、如何在有限的时间范围内合理利用空间和理解城市进行扩展研究。

跨学科的工作值得在这里进一步讨论。我的工作大量借鉴了其他学科——主要是人类学,因为我是这个领域的博士,但也包括更广泛的社会科学、区域研究和关键事件研究等新兴领域。我也从事其他创意领域的工作,并根据我最早的研究,在多年的时间里教授了电影建筑研讨会;我继续在建筑环境中进行多感官互动的研究,并研究绘画作为人类思考和通过手势交流的基本行为的各个方面。

以上这些内容听起来可能有点异曲同工,没有重点,这种批评可能比我想的更多!更重要的是,它显示了一种源自我早期学校教育的多面手冲动:一种非常苏格兰式的态度,即知识是以全面的方式获得的,通常没有直接的目标。这使得新的联系得以形成并理解对应关系。这方面最好的例子之一是我的同胞帕特里克·格迪斯(Patrick Geddes)(1854–1932),他的专业范围从植物学到社会科学和城市规划。这种思维的广度对于在给定时间有如此多元素在运动的建筑来说是必不可少的。我们目前面临的气候紧急情况进一步强调了对联系和灵活思维的需求,我敦促我的读者尽可能寻求跨学科的合作。

顺应你的兴趣,但要让它们与建筑、建筑物和城市相关。

想想你工作的严谨性：其他人为什么要关心？

伦理道德在研究的每一步都很重要：你在进行研究时是否公平公正？

把你的文章、硕士毕业论文或博士毕业论文当作你研究的记录。

其他人如何在你之后的研究基础上继续研究：你的研究成果是什么？

挑战你的偏见和成见：问一些你还不知道答案的问题。

与他人交谈：最好的研究是在相互信任和慷慨的丰富环境中进行的。

我期待听到和阅读你所进行的研究，我真诚地希望这本书将对你的项目、你的思维，以及你对建筑和建筑环境的了解做出贡献，无论大小。

雷·卢卡斯博士

2021 年 8 月

Preface to the Chinese Edition

It is a great pleasure to be able to bring this, my first book, to a whole new audience of Chinese readers. I am deeply grateful to the efforts of Dr Feng Huichao in translating my words and to the publishers China Architecture Publishing & Media for making the work available so widely.

The book was written with several aims in mind.

In the first instance, I designed this book around the needs of my students at Manchester School of Architecture to assist them in their research activities. I was aware that research–particularly in the historical or theoretical aspects of architecture–is rarely a student's primary reason for studying. So much of good architecture is founded on research: it reveals context, appropriate materials and building types, helps us to understand the social roles of buildings and much more. Architects and students of architecture conduct research all the time without my assistance, of course–so the aim of this book is to help this process, to suggest ways of doing research that might be new to readers.

Fundamentally, research is about asking questions: what, why, and how? Once we have better questions, we can go about working out how to answer these in a rigorous and ethical manner.

My second aim for Research Methods for Architecture was to discuss what research means to the discipline of architecture. The book is a compilation of some of the possibilities represented by architectural research. Other academic disciplines are also interested in the built environment, so what do we, as architects bring to this? How are our findings distinctive from planners, geographers, sociologists, anthropologists, and urban studies scholars? Some of the answers lie in architecture's nature as a design discipline, the flexibility of our practitioners, and the sophisticated graphic communication we are capable of. I would like to highlight the plurality of possibilities here: the scope of architectural research is as wide as human life itself, with all its overlapping, contradictory, and messy nature. The book is intended a framework for developing architectural research methods rather than a definitive statement: a toolkit full of possibilities rather than a manual containing instructions.

Examining what architectural research means had significant implications for my own work as an architectural researcher. My position on research has developed in the five years since the first edition. I have published several more books and engaged in research projects which broaden the range of my own architectural research. In Drawing Parallels (Routledge, 2019) , I explore axonometric and parallel projection drawings by making copies of them: examining drawings by making drawings is an embodied practice of making knowledge. In Anthropology for Architects (Bloomsbury, 2020) , I delve deeper into my own background in social anthropology and look at how key concepts from the social sciences can be applied to architecture, simultaneously producing an architectural anthropology and an anthropological architecture. My next work, Festival as Architecture (Bloomsbury, 2022) challenges what we think of as architecture in the first place, and builds on my co–edited (with Jemma Browne & Christian Frost) volume: Architecture, Festival and the City (Routledge, 2018) . The new book will present an extended study of how festivals make temporary and mobile architecture, how they appropriate spaces and make sense of the city beyond their limited time–frames.

Working across academic disciplines is worth discussing a little further here. My work draws heavily on other disciplines–primarily anthropology, as my PhD is in this field, but also the wider social sciences, regional studies, and emerging fields like critical event studies. I also work across other creative fields, and have taught a workshop on Filmic Architecture for a number of years based on my earliest research; I continue to develop work on multi–sensory engagements with the built environment, and examine aspects of drawing as a fundamental human act of thinking and communication through gesture.

The above may sound rather disparate and unfocused, a criticism probably true more of the time than I would like! More importantly, it demonstrates a generalist impulse originating in my early schooling: a very Scottish attitude whereby knowledge is acquired in a rounded manner, often without a direct aim in mind. This allows novel connections to be formed and correspondences to be understood. One of the best examples of this is my countryman Patrick Geddes（1854–1932）, whose expertise ranged from botany to social science and town planning. This breadth of thinking is essential in architecture where so many elements are in motion at a given time. Our current circumstances of climate emergency further highlight the need for connected and flexible thinking, and I urge my readers to pursue cross–disciplinary partnerships and collaborations wherever they can.

Follow your interests, but make them relevant to architecture, buildings, and the city.

Think about the rigour of your work: why should anyone else care?

Ethics are important every step of the way: are you equitable and fair in conducting your research?

Consider your essay, dissertation, or thesis as a record of your research.

How can others build on your work afterwards: what is the legacy of your research?

Challenge your biases and preconceptions: ask questions you do not know the answers to（yet）.

Talk to others: the best research is produced in a rich environment of mutual trust and generosity.

I am looking forward to hearing and reading about the research you have conducted, and I sincerely hope that this book will make a contribution, however large or small, to your projects, to your thinking, and to your knowledge about architecture and the built environment.

Dr Ray Lucas

August 2021

目录

隈研吾设计的东京根津博物馆

导论
什么是建筑学研究？

　　建筑学作为一门学科，经常与研究思想作斗争，这导致了什么是建筑学研究的问题。答案不是只有一个，而是多方面的，就像建筑学科本身一样。这是一本建筑学的人文研究手册。

　　这听起来并不可怕，而且很合理，因为进行研究的过程是以提出问题为基础的。提出问题的方式很重要，如果运用了最合适和最严谨的方法，就能确保答案对知识的原创贡献。

　　这种对知识的贡献是建筑学研究的潜力，是为了推进学科内已经确立的或重要的争论，而不是重复传统的知识和预演已经确定立场但没有明确解决方案的论点。为了建筑学的发展，我们必须继续推进研究其历史脉络和先例、建筑的社会和文化作用，以及关于建造和居住的理论。

　　虽然科技研究既重要又有效，但是本书的目的是考查适合建筑学人文的研究方法，发挥建筑作为一门学科的作用，并激发对空间生产理论、空间的社会角色以及我们生活的历史背景的兴趣。

　　众所周知，建筑是一项广泛的活动。在本书中，我将它视为一门"学科"，与地理学、人类学、历史学或化学并列。这并不是要以人为的方式将研究与实践分开，而是强调建筑学本身作为一种知识传统的本质。

　　建筑学是一个不断发展的知识体系，它涉及我们如何利用空间、居住和占据空间、建立有意义的场所以及为周围的世界赋予形式。如何建造取决于我们如何理解世界，而如何理解世界则取决于我们在那里建造的物体。

本书的目的是帮助读者提出本质上独特的建筑研究。建筑学不仅仅是指我所关心的建筑领域，而是构成了一系列的实践、方法、目的和对我们生活世界的敏感性。

词汇

研究

研究是以验证的、一致的方式理解世界的过程。这并不是说研究没有争议，而是研究方式的透明度会强化主张。研究通常是将现有的模型应用到一组新的环境中，或者通过从经验事实中发展一个新的框架。然而仅仅整理信息还不足以构成研究，研究的目的是根据收集的数据得出有意义的结论。

实践

即使在本书的范围和语境中，这也是一个具有多重含义的术语。简单来说，实践是你要做的事情：一种活动。你可以将进行研究或是绘制一幅画描述成一种实践。使用术语"实践"一词表明有更广泛的语境或框架支持，比如学术写作的规范或正投影图的规则。实践意味着一种方法论，大多数情况下，其他人也会参与其中。

基于实践的研究

近年来，越来越清楚的是研究可以通过实践更直接地产生，也可以通过更传统的学术活动产生。单纯通过建筑设计进行研究对建筑越来越重要，代表着学术上对文献生产和消费替代思维方式的认可，这通常被表达为"用行动思考"。

学科

学科是专业领域、研究领域、独立实践集合，或者三者兼之。从学科的角度思考是有必要的，因为这些学科可以代表不同的专业或形式化的观点，而这些观点就像建筑学一样不拘泥于某一个专业。"学科"一词中的推论是一种严格的和规范化的操作方式，但并非一直都是完全正确的。

跨学科

一旦学科建立起来，人们就会意识到为了实现像建筑物一样复杂的目标，学科之间需要彼此合作。在建筑的商业和专业实践中，这通常会涉及规划师、工程师、测量师、会计师以及客户。研究也是类似的，建筑师可以从环境心理学家、城市设计师、批评理论家和许多其他专家的工作中学习。有许多跨学科工作的模型，在主题上有不同的变化（各学科间、涉及若干学科等），这提出了具体的合作形式建议。从根本上说，学科很少能从孤立的工作中获益，尤其是在研究方面，不同的视角会有不同的思考。

理论

理论通常被理解为一种支配实践某些方面的包罗万象的哲学。理论的目标是建立一些关于我们在这个世界上如何表现的根本性东西，这是经过大量分析和基本理论研究的结果。它可能不会被有意识地承认，而且许多理论结构是相互排斥的，否认其他的立场。重要的是理论为讨论和有见地的辩论提供了支撑。

人类学

人类学是一门社会科学，是与建筑学进行跨学科合作最富有成效的领域之一。这仍然是一个新兴的合作领域，但是人类学对人类各种方式的兴趣深深扎根于语境中，研究住宅的本质对理解建筑有很大的帮助。民族志方法伴随着该学科所提供的知识严谨和对多样性的理解而受到青睐。

历史

建筑历史中有大量当代实践教学。它不仅提供了年表，还有一些主题和想法一直回到建筑实践中，比如崇高与美丽、乌托邦与功能性、古典模型与浪漫主义共存。许多关于建筑和建成环境的知识可以通过解构话语和内容分析的方法应用到建筑、绘画及写作中。历史提供了原型，是对问题经过反复尝试和测试的反应，以适应新的语境和情境。

主位和客位研究法

　　语言学家肯尼斯·派克（Kenneth Pike）对于主位和客位研究的定义 [沃德·古德纳夫（Ward Goodenough）和马文·哈里斯（Marvin Harris）等人类学家进一步定义] 在当下是有用的。考虑建筑研究作为人类活动的支架，这是一个至关重要的区别，并且代表了研究当代建筑如何在世界上运行的两种方式。主位的解释是从文化或活动之外的观察者的立场出发，而客位的解释是从文化内部产生。

　　这个术语或许比传统的主位和客位方法的划分更有用，但当下的想法是试图打破二分法而不是加强它们。这个想法不是用来表达偏好，而是用来展示一系列的选项。有时主位是合适的，而有时客位是最有用的。本书的目的不是为了让一种观点超越另一种观点，而是提出对比和互补的方法，让建筑学研究人员在知情的情况下作出选择。

　　你的研究的一个基本问题是如何摆放自己在主位和客位上的位置。建立在科学或客观基础上的传统理解模式被默认为是主观的，然而也往往被认为是冷漠的，而不是纯粹的方法。这样的立场所带来的好处是多方面的，可能更容易保持注意力集中，例如，在编辑和摘录不相关的细节时，会分散清晰的研究问题和最终调查结果。这种复杂性经常在客位模式的研究中显示出来。更全面地沉浸在一种文化中可以避免脱离事实，也可以更直接地与人们的生活接触。大多数成功的研究都在这两个位置之间摇摆，但是更单一的关注点也是好的。

左下图　从高处拍摄首尔南大门市场的主位，并对摊位、商贩、买家和建筑之间的关系提供了概述和描述

右下图　从市场内部看首尔南大门市场的客位。虽然这种方法更真实，但很难从中得出结论

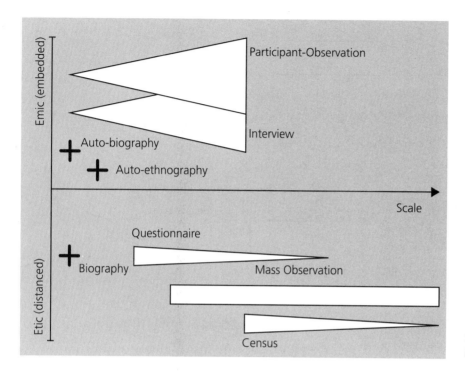

左图　图表描述了主位和客位的立场

深度和聚焦研究

多种研究方法会分散研究者的注意力，甚至会出现不一致的情况。这样一来，这些自相矛盾的地方本身就有可能成为研究问题，但研究结果往往混乱不堪，难以付诸行动。专注于一种研究方法，往往会显得更全面，因为在研究项目范围内有更多的深入参与机会。虽然不允许涉及一个问题的多个方面，但聚焦的研究范围能够让研究人员产生确定性的结果，从而可以更容易地采取行动。

语境、方法、理论

语境、方法、理论的组合多种多样。它们是任何研究的基本组成部分，让你更清楚是哪个方面在推动工作。这是对研究问题本身的描述。虽然不能涵盖所有的排列，但是把每个关注点作为一个潜在的起点，并对将获得的发现有启示，这是卓有成效的。

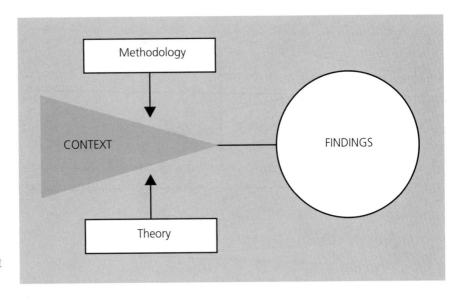

语境导向

让语境在研究过程中起主导作用，是建立实体、社会或历史背景首
要重要性的一种方法。可用来确定典型语境，这就提供了在其他地方发
现条件的例子。将语境作为"类型"的案例研究，特别是参照其他遵循
相同规则的情况下，可以建立类型学：一种重复的模式。

通常，讨论的第二种形式的语境是"独一无二"的。这种语境研究
试图理解是什么让一个地方与众不同。

研究语境可以是多种多样的：某一特定建筑师的职业生涯、某一
个历史时期、某一已确定的类型学、某一幢建筑或某一座城市。"语境"
用来描述研究的主题是什么，它是如何被定位的（"位置"这个概念有
多重含义），以及它的边界是什么。

第8章讨论了韩国的城市市场，给出了语境导向研究的例子。这是
一个有意思的语境，采用了许多方法和理论，使之更易于理解。

方法导向

从已建立的方法论开始将其应用到新的语境中，这提供了其他的可
能性。方法论的研究将自己牢牢地置于这种实践的参数之中，通常作为
检验特定分析模型的适用性或相关性的测试案例，或者作为一项可供进
一步研究的调查。

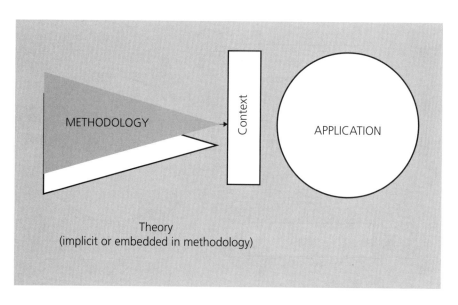

对该方法的认识是至关重要的,从收集数据的方法,到最终的分析和结果的呈现,它提供了框架。对这种方法常见一种批评,它具有相对程序性或完整性,除了给人一种完整感之外,对我们的学习几乎没有贡献。然而这种彻底性是有价值的,而且必须考虑到进行研究的时间性,语境是一组不断变化的参数,根据给定的方法研究一个地点会产生不同的结果,即使是相隔几年。

这方面的一个例子也将在后面的第 11 章中讨论,彼得·古尔德(Peter Gould)、罗德尼·怀特(Rodney White)和凯文·林奇(Kevin Lynch)在雅加达这个不寻常的语境中使用心理映射技术,在那里这种方法的应用最终得到了可比较的结果和对原始映射的潜在修改。

理论导向

类似于从方法开始,建立以理论为主导的研究首先存在于理解的框架内,然后通过方法论应用于语境。以理论为主导的研究过程采用一种既定的理解形式,以确定更深层次的意义。这是一种批判、分析或辩证导向的研究,可以使用许多不同的方法。

理论是一个宽泛的范畴,理论和方法的区别并不直接,因为很多方法都与理论内容有很强的联系。也就是说,在理论性研究中优先考虑的是参与性的关键性质,而参与性研究的方法论是描述性的。理论

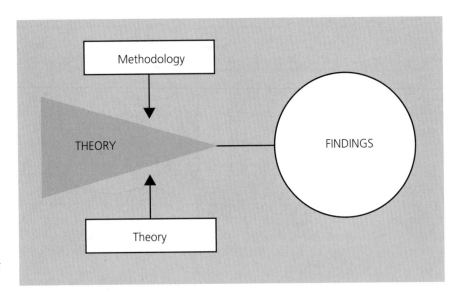

右图　图表描述了理论
导向研究

主导的研究通常是跨学科的，从哲学、社会科学或政治学等领域借鉴理论。

　　第14章中给出了一个例子，以哲学家亨利·柏格森（Henri Bergson）的作品作为绘画项目的起点，探索其关于时间的重要性和创作行为经历持续时间的理论，方式类似于伯纳德·屈米（Bernard Tschumi）的出版物《曼哈顿抄本》（*The Manhattan Transcripts*），以及穿梭于东京复杂而密集的地铁网络中的经验。

命题、反命题、合命题

　　命题、反命题、合命题三一式所描述的辩证思维的表达，常被认为是源于对黑格尔的解读，有时也会把假设作为出发点。

　　"命题"（Thesis）一词通常指长篇论文，建立理论议程的实质性工作，但这个词的起源是一个更基本的论证行为。这一话语的概念是一篇好的研究论文的核心，它所提出的立场是对作者自身的替代、补充或反对。研究人员必须证明他们的观点，为它提出理由。

　　必须注意不要建立一个错误的论点，使立场荒谬或站不住脚。这导致了毫无结果的辩论，在这种情况下，案例的细微差别无法被讨论，而合命题最终成为一个既定的结论。

辩证思维首先提出一个命题或立场，讨论它的反命题（与这一论点或立场有关但本质上有区别的一种选择），然后将这两种立场加以综合而得出结论的过程。它是一种严谨的理论探索方法，涉及不止一个立场，而且诚实地面对分歧，同时能够在结论中阐述一些具体的观点。

建筑史（非建筑的历史）

历史的探索需要以一种分析历史记录的方式服务于建筑设计，而不是作为历史的一个专门子集。简单地说，建筑历史能够而且应该服务于整个建筑的需要，回应设计师的角色，将历史先例作为理解建筑师目前实践的材料。

在详细阐述建筑史时，考虑原型或先例的作用可能是有帮助的，因为设计学科的演变建立在过去的模型之上，尽管存在被感知的破裂和飞跃，比如现代主义的出现。早期的现代运动仍然提及古典建筑，剥离装饰，同时美化工业生产的结构，比如谷物升降机和邮轮——以前被忽视的日常设计历史取代了占主导地位的古典与浪漫的范例，但先例和历史仍然是至关重要的因素。

建筑社会科学（非建筑的社会科学）

建筑是为人们的需要而建造的。这是一个简单的真理，却引出了一个更大的研究问题：我们如何才能更多地了解人们对建筑的实际参与？建筑社会科学详细地考虑到了当代语境，并鼓励我们对所占空间的本质作出更少的假设。最简单的方法是问人们，但也带来了一些问题。这正是社会科学可以提供帮助的地方，通过提供广泛的方法帮助了解更多关于空间的实际用途以及空间在日常生活中的重要性。

过度确定性的设计方法在建筑和城市设计中有危险，对现代主义提出的社会工程的指责在很大程度上是合理的，也是"二战"后许多大规模住房计划失败的根源。这些发展试图告诉人们如何生活，而不是问他们想要怎样生活。社会科学让我们了解到人们实际上是如何生活的，对他们来说什么是重要的，以及像身份这样的基本东西是如何通过与已建环境的接触来构建的。

建筑社会科学可以提供对建筑作为一套实践的理解。这为设计师提供了机会，调整他们的方法以满足客户和用户的需求，重新绘制建筑的调试、设计和使用过程。

建筑哲学（非建筑的哲学）

建筑可以描述为对建筑环境的理解。这是对建筑学作为设计学科传统定义的补充，但重要的是我们必须申明对这片通过各种手段开发的领土的主权，以及对空间和场所（居住和占有的意义）的深刻理解。它经常与哲学和批判理论的关键人物一起讨论。使用包括（但不限于）雅克·德里达（Jacques Derrida）、吉勒·德勒兹（Gilles Deleuze）、沃尔特·本雅明（Walter Benjamin）和马丁·海德格尔（Martin Heidegger）在内的人物的理论都有助于我们的讨论。然而这些理论家的理解是特定于理解建筑的含义。建造意味着什么？

建筑学通过已建成的项目和与理论的结合说明这种理解。理论的产生通常是通过明确的建筑手段进行的。后现代主义运动和作品最清楚地说明了这一点，建筑师如彼得·埃森曼（Peter Eisenman）、伯纳德·屈米、斯蒂芬·霍尔（Steven Holl）和约翰·海杜克（John Hejduk）都将项目、房子和绘画作为探索理论命题的方式。这样的理论是为具有视觉素养的建筑师设计的。读者需要理解建筑表现，才能解读屈米在他的曼哈顿文字记录中对空间中极端或不寻常活动的脚本的程序化元素，或者是埃森曼在他的"VI 住宅"和"X 住宅"项目中通过简单的旋转和复制网格和"el"形式推动纯粹建筑语言和意义的想法。这种对理论和哲学的追求可以转化为对建筑可能性的务实探索。例如，屈米对建筑程序设计的研究引发了对建筑师在确定设计方案时所扮演角色的更广泛的讨论，使设计过程更加明确，而不认为是给定的。这对建筑实践有深远的影响，不要把它看作来自客户的一组指令，而是看作与客户的协作过程。同样，埃森曼的正式调查作为所谓的"规范"建筑分析，预示了当代建筑走向参数化设计的设计过程。

本书结构

本书分为两部分。第一部分介绍了进行研究的基础，从定义研究问题到在该领域或图书馆进行研究，最后撰写和传播。

第1章从探索研究的起点研究问题开始。提出问题的方式很重要，因为它通常是研究的基础。关键是定义研究中使用的术语。虽然一开始这似乎是一个语义游戏，但我们必须挑战那些可能包含在最简单或最明显术语中的假设，比如"空间"。一个例子可能是问哪种空间概念促成了这项研究。有没有一个替代这个传统术语的方法，可以以一种更具体的方式来思考人们如何居住和使用？

一旦对涉及的术语进行了明确的定义和引用，研究问题就可以通过简单地问"想了解这个世界的什么"？这显然又是一个幼稚的说法，但这类问题在研究中是可取的，因为它们涉及的是更基本的问题和假设，这些问题可能会分解成更严谨的研究。

第2章探讨了与此紧密相关的问题是如何有所发现的。建筑师可以使用许多研究方法，每一种方法都有不同的认识方式，其中一些可能或多或少适合研究，但它们都具有同等程度的严谨性。本章着眼于基于文本和图形的研究方法，以及基于实践的研究，并强调了描述研究实践作为验证研究过程的一部分的重要性，仅仅表达看法是不够的。

重要的是明白研究是通过关注那些构成研究框架的文献而得到加强的。第3章涵盖了如何收集文献综述，从图书馆数据库中找到相关研究到如何找到这些资源。了解不同类型的文献以及它们如何在研究中的不同作用是至关重要的，特别是考虑到广泛的可用资源，从同行评议的期刊、专业建筑出版社到客户网站甚至个人博客。世界各地的各种机构，包括伦敦的英国建筑师皇家学院和蒙特利尔的加拿大建筑中心，以及各种大学、地方城市和政府档案馆，都保存着重要的原始资料。这一章还包括了如何使用这些资料的建议。

第4章讨论了跨学科。了解其他研究领域的研究成果是很重要的，让这些研究领域的研究结果与建筑、建成环境的生产和理解有所关联。与其他学科合作可能是困难的，但是跨学科工作的好处远远超过了缺点。本章包括了关于如何协商任何可能出现的问题的建议。

第 5 章讨论了田野调查是研究数据的主要来源，并提出了如何界定领域，从一个国家的建筑风格到一个特定的城市，甚至是一块土地或一个建筑公司。走近一个地点需要理解这个地方以及人们如何使用它，有几个策略可以帮助理解。实地研究关注的是语境，对杂乱无章的现实生活进行优先排序可以产生基于现实生活的研究，但很难从这样的工作中得出明确的结论。因此记录、使用草图本和现场笔记是极其重要的，本章给出了使用这些方法的建议。

第 6 章讨论了访谈。访谈是一种从参与建筑项目的广泛利益相关者（建筑师、客户和用户群体）那里获取信息的重要方式。访谈技巧五花八门，有的使用精心准备的问题，精心设计以引出特定范围内的回答；有的采用更自然的开放式对话。焦点小组会议是一种向不同的研究参与者展示研究结果的有效方式，关于该方法的建议也会包括在这一章。

第 7 章讨论了写作环节。传统上写作被认为是传播或分享研究成果的主要因素，写作的重要性毋庸置疑，关键是要有条理的论证。从读者的角度来看文章是很重要的，这样所呈现的信息就没有假设而且逻辑有序。因此本章提供了一些实用的方法，以确保文章结构合理，叙述清晰，并且研究结果能被有序地呈现出来。这个建议不仅适用于书面文字，也适用于展览作品、口头汇报、绘画作品和其他传播形式。

第二部分包括了一系列的案例研究，介绍研究项目，重点是每个项目是如何进行的，以及如何影响结果。

第 8 章讨论了物质文化研究，这是人类学和考古学的一个分支，研究的是"事物"（那些我们每天接触到的物体）传记。这种形式的社会探索为建筑设计提供了一种非常有用的方式。本章回顾了当今该领域一些重要人物的例子，包括阿尔琼·阿帕杜莱（Arjun Appadurai）、伊恩·霍德（Ian Hodder）和维克多·布奇利（Victor Buchli），他们都对理解日常"东西"在我们生活中的作用作出了贡献，这就为我们理解事物的社会性提供了途径。这一章的结尾是我自己对首尔城市市场物质文化的调查。

环境心理学是另一个重要的对建筑有很大帮助的研究领域。这是在第 9 章中提到的，特别是詹姆斯·吉布森（James Gibson）关于空间替代方法的研究，还有人和环境研究，目前最大的研究领域之一是恢复性环境，建造环境的丰富性据说在很多方面对健康和幸福感有贡献。本章还介绍了"音调变化空间"项目的一些研究发现和方法。这是一个关于人类声音的空间性的研究项目，以及它是如何在公共空间中起决定作用的。

第 10 章论述了最成熟的建筑研究形式：建筑史研究，传统的西方偏见正逐渐被多重、交织的建筑历史所克服。本章提出并质疑了许多建筑史方法，将建筑历史重新定义为一个引人入胜的、不断发展的、鲜活的过程，而不是"事实"的中立呈现。

尽管建筑史研究仍然需要新的方法，但是必须结合各种资源（包括自己的实地考察以及由他人撰写的历史），保持良好的学术研究严谨性。本章讨论了建筑史上一些重要人物的替代方法，包括曼弗雷多·塔夫里（Manfredo Tafuri）、科林·罗（Colin Rowe）、罗宾·埃文斯（Robin Evans）、约瑟夫·赖克维特（Joseph Rykwert）和尼古劳斯·佩夫斯纳（Nikolaus Pevsner）。对于建筑史来说，为理解这个学科贡献一些新鲜的东西是很重要的。通过举例，本章说明了建筑宣言研究是探索另一种建筑历史的方式，以及它在整个 20 世纪从争论立场到立场陈述的轨迹。

城市权利是一个重要的概念，它源于亨利·列斐伏尔（Henri Lefebvre）的研究，强调了对建筑作出贡献的最重要的学科之一，以及理解空间政治和空间权力关系的含义。第 11 章讨论了建筑物是如何对人们施加权力的，无论是否出于有效的目的。

我们与空间的接触涉及伦理问题，因此与其使用单一的方法，不如实施更多政治参与性的研究。本章总结了"易读性文化"研究项目，该项目研究了印度尼西亚雅加达市以及那里人们的日常经历。

对于建筑学而言，有各种各样的哲学方法可供选择，但是我们选择了一种更深入地讨论这一问题的方法现象学作为例子。它探究了存在的基本概念。第 12 章探讨了这一哲学的两个分支，马丁·海德格尔（Martin Heidegger）所探讨的存在与居住之间的基本关系和莫里斯·梅洛—庞蒂（Maurice Merleau-Ponty）所描述的感知现象学。本章还介绍了作者关于"感官城市主义"和"感官符号"的研究，这些都深受现象学的影响。

民族志是与人类学联系最为紧密的一种方法论，它实际上在某种程度上与学科无关，可以被广泛的学术领域所使用。第13章阐述了它对建筑的贡献。民族志是一项长期的、主观的研究，研究人员在一个特定的环境中花时间寻找更多的信息。除了研究建筑实践及其工作方法外，它在很大程度上尚未被开发为一种建筑研究形式，但在城市设计特别是后期研究中有着巨大的潜力。

转换这些研究结果是很有挑战性的，所以本章基于我在设计工作室、人类学研讨会和绘图板上的研究工作介绍了一些阅读民族志研究的方法和如何利用文献，以及探索关于创造性实践的人类学研究。

第14章支持这样一种观点，即建筑研究可以使用建筑生产的工具作为描述、理论化和解释的手段。本章接着介绍了在研究中使用绘画、图表、地图和符号的一些问题和好处。解决实际问题比如图表的易读性和读者理解的能力，以及通过绘图的方式对研究的一些见解。

此外，本章明确了在研究过程中绘画、图解、表示法、制图和其他图形表示的可能性，让研究结果更接近设计过程。我的项目"迷失在东京"被作为案例讨论，这是一个由图表、符号、素描和绘画组成的展览。

尽管研究的需求同样强烈，本书的第15章总结了专业建筑实践如何经受来自学术界的不同压力。事实上，许多建筑研究都是在实践中产生的，因为实践者最适合进行有根据的、实际的调查。

对语境的调查也是建筑学的一部分。满足客户和用户的需求，理解建筑的再利用，或者利用先例创造更多吸引人的建筑空间，这些都是基于良好的研究。

因此，学术研究和建筑实践之间的联系变得越来越普遍和正式化，体现在越来越多的以实践为基础的博士研究机会里，从而减少了研究和实践之间的差距。虽然本书主要关注的是学生的研究经历，但重要的是它说明了如何在学术环境之外使用这些方法。

结论

本书不是去定义什么属于建筑学研究领域范围之内或者之外的内容，而是把研究作为可能性的扩展领域来讨论。与其说有单一的方法，倒不如说有许多有效的和有用的形式可供建筑研究采用。从本质上讲，建筑学是一个复杂的、多面的研究领域，这意味着没有一种方法可以告诉所有需要知道的事情。

研究者不需要将自己局限于一个研究范式，大多数人会通过许多方法获得数据。这里重申的重要一点，是需要对研究过程和框架持开放和诚实的态度。把研究放在这一学科的学术辩论中也是至关重要的。因为即使一项研究是高度原创的并且代表了对传统研究的实质性突破，它也必须解释为什么以及如何超越这些已建立的方法和分析。

建筑可以是很多事情：

建筑可以是一种政治行为、一种权利关系的表达。

上图　日本的姬路城（Himeji Castle）是军事力量的体现，为了防御工事和能见度而设计

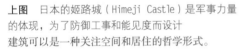

建筑可以是一种关注空间和居住的哲学形式。

右上图　日本京都的伏见稻荷大社（Fushimi Inari Taisha shrine），鸟居蜿蜒曲折的小径环绕着一座森林覆盖的山，路旁有一处小小的神社，代表了日本神道教和空间哲学

建筑可以作为一种社会实践来生产和消费。

右中图　中国广州的清平市场（Quingping Shichang），在这里建筑通过实践的方式被社会生产和维护，并根据供应商的需求定期变化

建筑可以是一个历史的过程，代表了空间的文化。

右下图　日本京都的银阁寺（Ginkaku-ji），也称为银阁（Silver Pavilion），由禅宗僧人维护，包括在倾斜的砾石中精心维护的几何形状以及一个供冥想的散步花园

建筑可以是一个经济的过程，使其能够实现和边缘化。

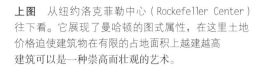

上图 从纽约洛克菲勒中心（Rockefeller Center）往下看。它展现了曼哈顿的图式属性，在这里土地价格迫使建筑物在有限的占地面积上越建越高
建筑可以是一种崇高而壮观的艺术。

中图 像弗兰克·盖里（Frank Gehry）这样的建筑师经常倾向于使用复杂的形式和昂贵的材料来吸引客户和访客。其他的方法包括更微妙的形式美。隈研吾（Kengo Kuma）设计的根津美术馆（Nezu Museum）就是一个精妙的例子，在室内细致地使用了纸张细节并对原有的场地和花园有一定的敏感性。建筑可以是对世界的有序体验和参与。

左下图 伦敦泰特现代美术馆的涡轮大厅（Turbine Hall）。大厅里有大型艺术装置，比如雷切尔·怀特瑞德（Rachel Whiteread）在 2005 年的作品《堤防》
建筑可以在制造和消费中被生产和制造出来。

右下图 雅加达克芒的一栋在建建筑。这个城市正在经历快速的城市化，封闭式社区和购物中心的建设速度非常快，中央商务区也在迅速发展

第一部分
建筑学研究基础

苏格兰议会大楼和花园

第1章
明确研究问题

　　研究问题"想要发现什么？"既是研究的重要起点，也是一个持续改进的过程。

　　研究问题不是一个固定的题目，通常会随着项目的发展不断修改研究问题。研究不是简单地从 A 到 B 再到 C 的过程，而是按照一系列并行的活动进行，循环回去重新审视想法的过程。

想要发现什么？

　　有很多方式可以图表化研究过程。常用的方法包括使用甘特图和思维导图。虽然甘特图允许以一种相对合理的方式规划花费在任务上的时间，但它经常与一些关于研究任务所花费的时间长度的假设和思考复杂问题的现实相冲突。思维导图在生成大量关系和术语方面很流行，但是它会扰乱思维，而不是建立结构。需要注意图表的方式，因为它反映了研究过程背后的结构。

　　然而总体的发展轨迹在构建研究实践中仍然很重要，同样重要的是，读者会如何看待你的研究。研究问题可以是一个专门的题目，通常在文本中出现。这种方法允许将研究定义为一种实践、一种由对建筑问题的好奇心所引导的持续探索。研究问题可以参考一个特定的理论框架、一种方法论、该领域的当前发展或一些其他参考点，以便读者了解所选择

上图　建立研究问题的选择性图表。这个图表表明学术研究是一系列循环的过程

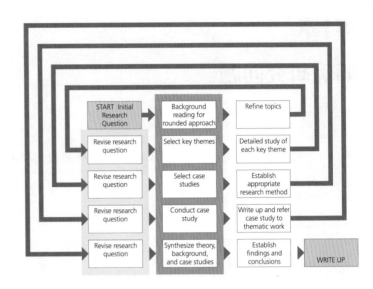

下图　用一个简单的图表，比如时间线，就可以产生有趣的关系以及世界不同地区的发展之间的联系。例如，值得注意的建筑，像日本京都的桂离宫（Katsura Imperial Villa），它的年代与意大利文艺复兴时期相同，可以形成一个起点

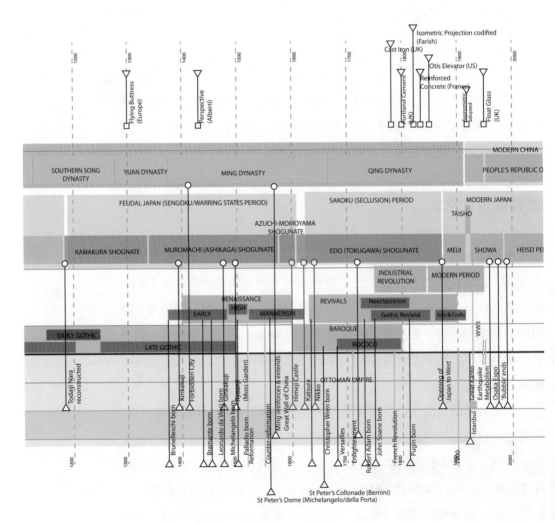

SCALE

INSCRIPTIVE PRACTICE	Psychological	Personal	Product	Event	Architectural	Street	Block	Neighbours	City	Regional	National	Global
Cartographic		Gould & White (mental mapping)					Themans (borgweg)	Lynch Thwaites (experiential landscape)	Nolli		Portolan Charts Mercator	
Orthographic					Cartesian Co-ordinates					Geddes (valley section)	Buckminster Fuller (dymaxion)	
Pictorial		Zorn	Landrin Arbeau Feuillet									
Perspectival				Piranesi		Cullen (townscape)	Ferriss Woods (NY zoning law 1916)		MVRDV (metacity/datatown)			
Filmic								Rosselini (Rome, open city)	Godard Vertov (alphaville / man with a movie camera)	Grierson (documentary film movement)		Marker (sans soleil)
Collage			Stiny (shape grammar)		Debord & Jorn (situationist psychogeography)							
Graph		Schafer (soundscape)										
Diagrammatic					Eisenman Tschumi (manhattan transcripts)	Hillier (space syntax)	Depato Directory		Howard Beck (garden cities / subway map)			
Score		Laban		Eisenstein Benesh Spoerri (vertical montage / anecdoted topographies of chance)	Thiel (architecture)		Halprin Hagerstrand (time based geographies)					Minard
Tagging											Google Earth	
Matrices		Effort/Shape		Saunders								
Textual		Lefebvre				Perec						

（City 与 Regional 列之间纵向标注：Cultures of Legibility）

左图 映射到轴线上，比如这个替代图表和建筑中的符号实践，可以找到代表性策略中的共同历史主题

的语境、理论框架和方法论。

研究问题可以有很多种使用方式。当发表学术专业期刊或者写一篇会议论文时，可能会被要求提供所展示研究的简短摘要。摘要是研究的概要或总结，集中于主要的研究问题。这比总结更有实质意义，重点在于研究的独特之处。摘要通常用于大型会议中的议事录，或在期刊文章的开头，以便让观众对研究有所了解。

写摘要需要训练，因为要在非常有限的字数中描述研究和打算在论文中提出的研究观点。它可以表示一个更大的项目，展现这个项目有更广泛的吸引力，但需要表达研究的主要观点：

语境：研究的地点和时间。一个特定建筑师或一群建筑师们的研究，或者一个特定的方法或技术，都可以视为语境。本书是个案研究还是对更广泛作品的调查？

理论框架：哪些理论和理论家能帮助清晰表述研究？这可以包括曾经提出过的和赞同的理论。

方法论：如何进行研究？田野调查、访谈、统计分析？所有这些都是有效的方法，但是从一开始就概述这些，可以告诉读者最后会发生什么。

以上每一个观点都在本书的其他地方讨论过，但重要的是学会让摘

要既简洁又准确。学生通常会被要求写出一份相对正式的论文计划。在这种情况下，除了上面的内容，还应该包括以下内容：

结构：把论文计划分解成章节和小标题，每个标题用一个段落描述想要陈述的内容。每一部分的介绍、发展和结论的模式都是有用的，好的文章通常在宏观、中观和微观尺度上有这样的结构。

关键文本：与上述理论框架稍有不同的是，论文计划要求说明将使用的参考书目，以及用于什么目的。一些文本是批判性和理论性的，但有些文本提供了信息和宏观语境。每一个文本都应该详细说明，说明哪些文本将用于哪些目的。

实际上，研究问题有几个版本，可能会出现在一篇文章的引言和结尾处，可能以某种形式出现在标题中，也可能是隐含的不以带问号的实际问题的形式呈现。重要的是题目能说明研究目标。对研究问题更全面的探索应该成为引言的一部分。探究其中的一些含义，这就给了深入探究问题的空间，并解释为什么选择了这个方法，而不是其他可能出现的方法，甚至是显而易见的方法。要捍卫所从事的研究。

在考察历史语境、建筑公司的工作或激活空间的社交网络时，很重要的一点是需要明确想知道什么。甚至当写下自己的设计过程，并把它用于实践的时候，基于研究（见第 14 章和第 15 章），将面临写一个研究问题来说明建筑是关于什么的挑战。对建筑环境的规划是什么以及我们期望如何解读研究？

从一开始，在你开始寻找资料和收集你的发现之前，对研究主题的好奇心很重要。没有这一点，研究将是一项缺乏兴趣的空洞工作，简单地展示关于给定主题的可用数据的能力。如果明确目标，那么就能更好地掌控研究工作。更有可能是根据提出的条款进行评估，在某种程度上允许讨论的条款。

定义术语

研究问题应该包括对材料、语境和相关建筑作品的理解。重要的是通常在引言中"分解"（unpack）打算使用的术语。在把一个词看作思想的容器时，从概念上讲这个词是有帮助的，并且有序地列出这个术语的各个组成部分，它的含义是什么，以及打算如何使用它。某些词乍一看似乎是显而易懂的，但即使是最简单的语言也可以使用非常具体的方式。

与建筑相关的一个例子可能是"空间"这个词的使用：

空间是几何的：笛卡儿坐标系根据 X、Y 和 Z 三个维度定义空间。这是空间的抽象定义，空间中的每一点都具有与其他点相同的性质。这有它的用处，但当讨论空间的体验品质时，也会产生问题。

空间是缺失的：空间可以被理解为一种消极的品质，一种物质的缺失，被墙壁、地板、顶棚或其他类型的边界所束缚。这对空间的表达，尤其是建筑将积极空间和消极空间视为一种学科的方式有一定的启示。

空间是活动的容器：空间是事情发生的地方。通常在文献中，纯粹空间的几何抽象与地方形成对比，人们通过在那里的行动占有了一块领土。定义相反的术语是使定义更清晰的一种方法，但是需要建立分类。正如马克·奥格（Marc Auge）在其颇具影响力的著作《非地点：超现代性导论》（*Non-Places：An Introduction to Supermodernity*）中指出的，描述的系统化就像一张地图，赋予潜在的新特性。在这篇文章中，奥格展示了抗拒空间制造，或故意保持不确定的空间。

空间是社会生产：哲学家和批判理论家，包括亨利·列斐伏尔和米歇尔·福柯（Michel Foucault），指出空间的质量，与其说是由物理决定、不如说是由社会决定的观点。同样的体量，可以被一个大教堂或一个音乐厅包围，但是在每个里面所发生的活动是完全不同的。

洞穴和火焰：建筑作家雷纳·班纳姆（Reyner Banham）在他的著作《和谐环境的建筑》（*The Architecture of the Well-Tempered Environment*）中提出了关于空间的两种不同的讨论。洞穴是一个有界的空间模型，有清晰的周长，而火焰给出了一个相对的、渐变的空间概念，即从一个特定点到这个点的距离以及它的含义。

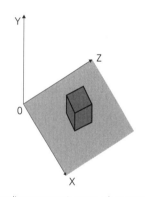

The Cartesian coordinate system's approach to space

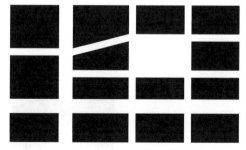

Figure-ground representations using presence & absence

上图 数学空间的传统坐标

下图 使用正负空间概念的图形背景图

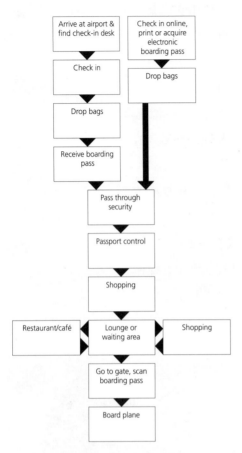

Non-place - space in the airport

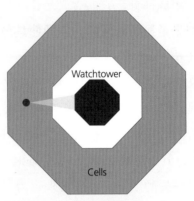

Prisoner's view - cannot see guard or other prisoners.

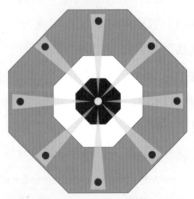

Guard's view - can see all prisoners while unseen.
Prisoners do not know if they are observed or not.

Controlled space - Bentham's Panopticon

左上图　机场的模型是一个抵制居住的空间

右上图　杰里米·边沁（Jeremy Bentham）的圆形监狱是产生行为效应的空间模型

下图　班纳姆关于空间模型的概念：洞穴和火焰

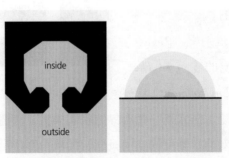

The cave and the campfire models from Banham

空间性和时间性：通常，空间和时间的概念是对立的，但它们并不表现为二分法。它们是对立的，但是以完全不同的方式运作的互补概念。奥托·博尔诺夫（Otto Bollnow）在他的著作《人类空间》中对此做了强有力的阐述。在这本书中经验被从时间中夺回，并再次应用于空间概念。的确，包括人类学家蒂姆·英格尔德（Tim Ingold）在内的许多作家都认为，我们不能脱离语境来定义人类生活。必须考虑在一个环境中，因为空间是必不可少的存在。

媒介是空间的替代品：环境心理学家詹姆斯·吉布森（James Gibson）在《视觉

感知的生态学方法》（*The Ecological Approach to Visual Perception*）中提出了关于空间的一些基本观点。吉布森的模型将空间理解为一种具有不同的黏度和厚度、介于一种情况和另一种情况之间的表面介质，以及那些硬化区域不透水的物质。这个模型让设计师沮丧，但也帮助他们以新颖的方式考虑氛围和物质性。

从这里我们可以看到，有多种方式来理解像"空间"这样的基本单词，而且这些定义有时是相互排斥的。在这种情况下，可以在爱德华·凯西（Edward Casey）的研究中找到进一步的阐述，他在《地点的命运》（*The Fate of Place*）、《回归地点》（*Getting Back into Place*）和《代表地点》（*Representing Place*）对这一概念进行了全面的研究。在某些情况下，这个词的定义是与另一个词相对立的，比如"地点"（place），而它也可以通过与另一个概念（比如"几何的"或"人类学的"）联系起来给出定义。鉴于这种多样性，最好的学术做法是解释对自己研究的关键术语的看法，比如给定一段历史时期。可能会想到的问题是：文艺复兴的范围有多大？伦敦地理研究的局限性是什么？如何强调可持续性？

在真正发生争执的情况下，策略是积极利用不同定义中存在的对立关系。这允许理解单词或概念中可能存在的灵活性，从而使它成为一种有用的思考工具。

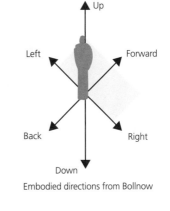

Embodied directions from Bollnow

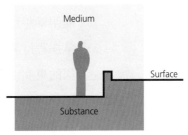

上图 由人体上、下、左、右、前、后定位的空间

下图 吉布森的介质、表面和物质三位一体

构建研究问题

研究通常以问题开始。虽然这是简单的想法，但它为研究者提供了很大的灵活性，并表达了基于好奇心的活动的基本特征。首先想要发现的是什么？

这个研究问题在很多方面与日常问题不同，它必须表明关于研究的一些事情。在这个阶段值得记住的是，问题可能并不总是第一位的，构思好研究问题是一个过程，这会从一段时间中受益。一般来说，问题可以分为以下几类：

给定的问题

你可能正在完成一项任务，然后被要求回答问题。通常认为这是一种限制，但也是一个机会，因为可以做出很多决定，专注于提供一个经过精心设计和创新的答案。即使是给予同样的资源，对于同一个研究问题，有多少研究人员就有多少"答案"。

虽然在某些情况下，给定的问题可能会代替自己的研究议程，但最好的做法是让这个问题成为自己的问题，并在引言中进一步探讨。直截了当地告诉读者对所给问题的理解。

解决给定的论文问题的一种方法就是加上副标题，这样从一开始就能明确想解决的问题的各个方面。这是掌握给定问题的一种方式，这种掌握程度将鼓励在该话题上表明立场，而不是简单地试图呈现问题赤裸裸的事实。在人文学科中，好的研究和坏的研究之间的区别，通常就是这种区别。仅仅提供事实、数据和信息是不够的。研究者的任务就是解释这些信息，找到一个立场并为之辩护。即使读者最后不同意你的观点，他们会欣赏你为建立一个连贯的论点所做的努力。

文献中的空白

许多好的研究例子都是在缺乏材料的情况下建立起来的，它们确定了一个尚未得到研究团体足够重视的领域。这引出了一个重要的问题，在哪里检索文献。这种方法需要一些横向思维，在其他研究领域找到类似的情况。例如，你可能会认为关于韩国当代建筑的英语语言文献很少。你的方法可能是看看附近的地区建筑以及历史语境，以确定为什么这个地区没有引起本国读者的注意。这本身就能为研究韩国建筑提出一个适合你的研究问题，同时也提供了一个可供参考的框架。例如，首尔和东京是两个非常不同的城市，但是将它们与一个更熟悉的例子进行比较，读者就能看出两者的相似之处和不同之处。

以矶崎新的作品为例来定义建筑中的日本性。这篇文章来自批判性地域主义的更广泛传统，确立了日本建筑技术的元素和潜在的哲学可以融入当代环境。这一点可以从一些实践者的作品中看到，比如隈研吾，他为建筑的反客体地位辩护。当代韩国建筑的对等是什么？问题可以是这样的：如何定义建筑中的韩国性，韩屋现在的影响是什么？

理解建立这种空白对创新研究很重要，但也有许多潜在的陷阱。其中一个陷阱是给出一个很少或者几乎没有引用的描述，声称这个语境如此独特，而文献中的空白如此巨大，以至于呈现出一个空白让研究者去占据。这对应该参考更广泛文献的研究是有害的。这个原因是可访问性：研究者的职责是对读者，这对读者将你的想法置于更广泛的学术背景下非常有帮助。这样的学术背景也会使你的学习更加严谨。

上图 京都的桂离宫（The Katsura Imperial Villa）被矶崎新誉为日本建筑的经典；还有隈研吾在东京的作品浅草文化旅游信息中心，新的干预措施已经完全融入市中心环境中

下图 翻新的首尔北川的韩屋

对现有文献提出异议

可能强烈反对某一主题的现有文献，并试图用自己的研究来纠正这种情况。这通常始于一种预感，一种对正在阅读的文献不舒服或不满意的感觉。出现这种情况的原因有很多，比如学科假设、所考虑的文本的年龄、糟糕的方法或所争论的政治派别。这类研究问题作为一种议论文的方法，对作者提出了以下要求：你必须尽可能清楚地陈述观点，对不同意的作品给予公正的描述，并明白你的角色是向读者提出观点，给他

上图和下图 "鸭子"和"装饰小屋"两张非常规、相邻的图片。与皇家住宅荷里路德宫相比，苏格兰议会大楼试图通过修道院式的设计和委员办公室展示对民主的态度，有着简单的设计和形式，以及苏格兰城堡的装饰，没有防御目的

们足够的信息和足够仔细构建的论点，用对事件的看法来说服他们。

举个例子，看看建筑领域的经典著作，比如罗伯特·文丘里（Robert Venturi）、丹尼斯·斯科特·布朗（Denise Scott Brown）和史蒂文·伊泽努尔（Steven Izenour）的《向拉斯韦加斯学习》（Leaming from Las Vegas）。这本著作已经被广泛接受和传播，但将建筑作品划分为"鸭子"和"装饰小屋"仍然存在争议（见第12章）。在讨论这种方法时，可能会认为它过于简化了，只是为基于图像的建筑物提供进一步的分类。这可能与你在某个城市所做的研究密切相关。为了便于讨论，这里以爱丁堡为例。像爱丁堡这样以遗产为导向的城市，与建筑中傲慢象征主义的后现代庆祝的碰撞，会有机会讨论《向拉斯韦加斯学习》的局限性，或者对其进行补充，以适应所发现的建筑类型。

这里存在一种夸大这类研究的风险。一个弱化的论点是故意建立一套文本和观点，以便将它们推翻，要么是因为所反对的问题是显而易见的，要么是因为没有以公平的方式代表现有的研究。这一点值得注意，因为它可能会使原本严谨的作品变得吝啬和缺乏实质内容。你的目标应该是说服那些对你的研究不感兴趣的人，而不仅仅是向已经皈依的人讲道理。需要做一个有用的调查，关注文本材料对读者的帮助。

对当前发展状况的批判性调查

研究的另一个类别是"当前发展状况"的调查，将某一主题的可用文献作为一种扩展的文献综述收集在一起。这里要问的一个关键问题是，选择文本和案例的标准是什么？标准可能是地理上的，特定建筑师事务所的作品，或者一个风格或时期的特征。

首要任务之一是进一步定义标准，对类别的限制给出详细和合理的解释。这允许所选示例的交叉可比性——它们每个都有一些共同之处。询问这个研究问题可以简化为，"当前发展状况如何？"

先例研究

建筑学是建立在先例的想法和对早期作品的仔细考察之上的。这种研究方法试图了解一种建筑的质量，它是如何在设计和调试方面产生的，以及人们在建成后如何使用它。先例的广泛启发和影响也必须加以考虑。这个例子的内在思想是什么？在它建成之后，又有哪些新的建筑思维成为可能？简而言之，这个建筑或实践的意义是什么？

你的问题很重要，因为这加强了询问，并嵌入了想要找出一些东西的想法。这是任何研究的基础，即使在结果相当确定的情况下，仍有很多方法可以发现更多关于主题的信息，以新颖的方式解释它，或者表明发现更广泛的重要性和实用性。

提出研究问题的练习

选择一个感兴趣的当代建筑师的作品，就他的作品构建研究问题。

以一个与空间或城市相关的时事新闻为例，这可能是一项新的政府政策或世界其他地区的时事。考虑这个故事对建筑的启发，从中可以学到什么经验教训，以及哪些理论可以帮助更详细地理解。

现在根据对故事的理解，写一篇500字的摘要，明确研究问题并将其改编成论文的标题。摘要首先陈述正在调查的情况、新政策的细节、新闻媒体对它的反应等。下一个任务是考虑这样做的建筑启示。一些关键文献的建议是有用的，但在这个阶段，只需要一个粗略的方法。请记住故事对一般的建筑环境和更具体的建筑的影响，这将形成所提出研究的关键贡献。

在写摘要时，通常的做法是陈述研究将做什么、如何进行以及期望发现什么。在可能的情况下，使用简单的语言描述复杂的相互作用。句子可以用第一人称写作：

"通过调研，我试图了解……"

"这项研究应建立……"

第2章
明确研究方法

与任何类型的研究密切相关的问题是你怎样能有所发现。有许多研究方法可以选择，每一种都有不同的了解情况的方法——其中一些或多或少适合研究，但都是同样有效的。

在任何研究项目中，能够描述你的工作过程作为你工作验证的一部分是很重要的。仅仅表达意见是不够的，因为你的研究工作不可能存在于真空中。本章介绍了一些可能的方法，以帮助确保你的工作方式能够发现和讨论相关问题的权威性和准确性。

怎样才能有所发现？

简单地说，研究方法是一种发现某一话题的方法——一系列实践和务实的活动，可以提出相关问题并得出一些有力的结论。最基本的常规划分是在定性研究和定量研究之间。

简单地说，定性研究，就是对质量的理解。这些通常理解为是主观的而不是绝对的。因此，对事实的分类就变得有些争议，而且是基于个人或群体的观点。对于许多更习惯于自然科学的人来说，定性研究是不确定的和不够准确的，但它在建筑学人文研究领域中有一席之地。

相比之下，定量研究是可以衡量的。定量研究常与客观性联系在一起，旨在寻求无可辩驳的真相。定量研究通常涉及大量的参与者或者可以分析趋势的重要数据集。

与其沉浸于哪种研究会产生更好的结果的部落主义中，更重要的是理解你的项目的需求，以及对给定现象的实际了解。我们在后文将会看到，对建筑环境中感官感知的研究是一个有争议的好例子。不同的学科以不同的方式研究这个主题，但是作为人类经验的基础，这是一个广泛的定性和定量学科的研究主题。

更个性化的定性研究方法所提供的详细程度和复杂性可能适合于理解特定的情况，而关于大多数人如何看待世界可归纳的数据是通过定量方法获得的。这直接说明了研究的目的，再次提出了想要发现什么问题，以及详细到何种程度。

本章将主要关注于定性方法，因为本书的重点是建筑学人文研究。这并不排除定量研究，但在大多数情况下，对建筑的历史、理论、哲学和社会方面的问题，更强有力的研究形式还是定性方法。

基于文本和图形的研究方法

研究的种类有很多，在本书我选择了一些对建筑研究人员有用的方法。第一组包括基于文本的、传统的研究模式。这些包含基于语言的对空间本质的调查，人居住使用的空间，或一系列实践。建筑的优势在于它是一种相对方法论不可知的，或中立的研究学科，但这需要研究人员再多做一项决定：什么方法适合我的研究问题？

民族志

民族志研究（见第 13 章）是一种与社会科学密切相关的研究形式，但其调查结果的适用性远远超出了这一领域。民族志是写另一群人的实践。在人类学中，这将遵循与世界另一端的人们生活数月或数年的模式，参与他们的日常生活，并与他们谈论他们如何理解世界。通过关注日常生活中的琐事，一个民族志学者开始理解一些小事，这些小事表明在世界观或生活世界上存在着巨大差异。民族志是纵向研究：进行民族志研究极少可能少于几个月时间，而与人相处的时间越长，研究效果就越好，因为这样能够经历季节性和年度活动，与提供消息者的关系随着时间的推移而加深。这是一种非常个人化和暴露形式的研究方法，依赖于研究

上图 英格·丹尼尔斯（Inge Daniels）所讨论的是京都典型日本住宅，呈现出一幅与文献中典型的现代极简主义，用光亮纸印刷的不同的画面形象

者对完全不同的世界观和生活方式的开放性：最终的目的是理解人类可能存在的一些不同方式。

这些是人类学和社会科学关心的问题，虽然与建筑对住宅的兴趣一致，但并不是民族志被放在这个学科内的用途。一个不断增长的研究领域是建筑实践的民族志。像温迪·甘恩（Wendy Gunn）、阿尔宾娜·亚涅娃（AlbenaYaneva）和艾娜·兰德斯维克·哈根（Aina Landsverk Hagen）这样的研究人员都花费时间研究建筑实践，以了解他们在日常生活中是如何运作的。

这些研究人员已经调查了创造性的实践，包括模型制作的使用，废弃项目的长寿，年轻建筑师的角色，以及在不同地点的办公室远程工作，所有这些都对建筑实践的方式有巨大影响。这使得建筑师"个人天才"的传统形象变得复杂和丰富。相反，把建筑实践看作是一套复杂的社会关系，它比人们通常认为的那些陈词滥调更加有趣和有用。民族志提供了更多的机会，长期以来被用于城市人类学、人文地理学和社会学，作为一种了解不同城市、地区和社区人们生活的方法。同样，这需要时间和研究资源，但它可以揭示一个地方及其居民的独到见解。

英格·丹尼尔斯在她的《日本住宅》（*The Japanese House*）书中对日本住宅进行了精彩的描述。丹尼尔斯与摄影师苏珊·安德鲁斯（Susan Andrews）合作，将关注点从日本家庭的咖啡桌书籍转向极简主义。她描述了通过赠送礼物的商品流动，日本家庭的关键存储解决方案，以及对家庭的传统和现代观念的结合（见第 13 章）。

为了更多地了解这座城市的实践活动，雷切尔·布莱克（Rachel Black）在意大利都灵的大卖场市场（Porta Palazzo）中扮演了各种角色来协助市场交易员。民族志面临着外来人口和本地市场商人之间关于文化认同的紧张关系，以及购物者在市场中由于工作模式的改变所面临的困难。

另一个关于城市市场的描述是西奥多·贝斯特（Theodore Bestor）的《筑地鱼市》（*Tsukiji*），书中认为东京的渔业市场不仅在城市中，而且在整个日本和东亚，以及在全球渔业活动中都扮演着重要角色。通过在市场上花费的时间，贝斯特获得了从壮观而著名的金枪鱼拍卖到以抽签方式分配摊位位置的全面经营。

民族志基本上是通过多种方法进行的。但关键是在一段时间内生活在一个环境中，充分参与那里的生活。这种参与性观察是研究的一种关键形式。它将研究者牵连到他们自己的研究中：如果遵循这种模式，就不可能将研究者从他们的研究中分离出来。大部分尝试抹掉研究者帮助的研究是有问题的，但参与者观察在研究的自传体方面更诚实和开放。每天的所见所闻被整理写成一种日记。这些实地记录是研究人员的关键资料，而日常记录对于研究进展期间的记录观察是必不可少的。这可以通过与关键提供消息者进行更正式的访谈来补充，他们会随着调查的进行而出现。

一旦田野调查阶段结束，民族志通常会被整理成文以及通过理论思考后被补充。这可以作为一种散文来写，但在詹姆斯·克利福德（James Clifford）和乔治·马库斯（George Marcus）编著的著名文集《写文化》（*Writing Culture*）中，这种方式遭到了质疑。这本书在提出写作本身的问题方面很有影响力：科学和客观的叙述程度并不是完全深留脑中，甚至是偶然相遇的诗意语言。每一种都有政治含义，值得调查和质疑：适合研究的内容不一定适合其他主题。

左图 让·塔隆市场（Marché Jean-Talon）是欧洲市场移植到北美的一个例子。民族志是具体的但其目的是产生可归纳的原则

右图 筑地市场（Tsukiji Market）的主要流通空间展示了一些间接活动，使商品能够在市场周围流通，并流向分销和餐厅

批评话语分析

批评话语分析是另一种批评方法，通常在文化研究中出现，适用于建筑学。这个方法的实施假设是每一种形式的文化生产，都包括一系列对其生产所处的更广泛背景的反映。这就意味着那些表面上看似无知的文化生产形式，实际上可以告诉很多关于其生产的社会背景的信息。批评话语分析试图分析一种文化现象隐藏或不太明显的方面。

电影就是一个很好的例子。它不是按照导演的意图来考察的，而是从电影在各种文化机构中的地位来考察的，包括工作室、发行商、审查委员会和放映机构，这些机构都有助于公众接受这类媒体。这在一定程度上使导演无法接受这部电影。这样的理论在该领域仍然有很大的影响力，就像它们在建筑学领域的影响一样，但对类型电影（即那些不被认为是高雅艺术的电影，如浪漫喜剧片、动作片、恐怖片、科幻片以及幻想电影）的研究往往关注于它们对更广泛文化的接受和反映。

批评话语分析允许人们在一定的理论框架内研读一系列研究。这可以包括对一篇文章的性别解读，揭示对性别问题的主导态度。其他方面也可以用类似的方式来考虑。

这个理论框架是必不可少的，因为它告诉了研究所追求的替代阅读。没有这些，研究就会缺乏重点。

例如，建筑中的批评话语分析可以考虑乡土建筑的问题。这种方法可以在罗纳德·威廉·布伦斯（Ronald William Brunskill）或亨利·格拉斯（Henry Glassie）现有文本的基础上进行扩展，使用在持续的传统和背景下建造的建筑来展示社会关系和人们对如何生活的假设。勒·柯布西耶（Le Corbusier）的格言"房子是居住的机器"直接说明了：柯布西耶将批评话语分析作为一种设计策略，但住宅的形式和可能存在的居住类型之间存在直接关系。

辩证法

辩证法是一种哲学方法用来将研究作为一种辩论或话语：呈现论证的双方以推理出结论。这种方法要求研究者从两个方面来看待问题，并且经常假设争论在某种程度上是两极化的，一个正命题和一个反命题对立，最终通过综合命题（一个采纳了两种论点的某些方面的逻辑结论）来解决。

命题：一种命题通常按照科学问题的传统写成假说，在其中假设要受到质疑。在建筑学上，正命题可能是考虑一个经典格言的准确性，比如路易斯·沙利文（Louis Sullivan）的"形式应该永远跟随功能"。

左图 英国湖区的乡土建筑。特定地区特有的材料和形式随着时间的推移成为建筑的基本元素，是当代建筑的参考

　　反命题：根据这种方法，任何命题都表明了它的反面。在一场有组织的辩论中，可能会被要求为不喜欢的立场进行辩论。这是一种可以看到争论的另一面，从而加强自己立场的修辞手法。必须注意不要建立一个容易被推翻的论点，错误地加强立场，因为这是一种相对薄弱的修辞形式。

　　综合命题：解决论证采取综合命题的形式。这不必是在两种立场之间的一种公正的中间立场，而是对这两种情况陈述的逻辑结论。综合命题也被称为克服问题，这也许是一个更有用的词来表达可以得出结论的方式。

　　辩证方法有许多变体，但它们通常是从提出假设的想法出发的。与研究问题类似，假设是试图以某种方式理解或证明的命题。这一最初的假设引起一种对立的观点，即在这三方面的逻辑中，必须给对立以观测发展的空间以平衡所讨论的命题。可以通过逻辑的讨论，拒绝反命题，但不能泛泛而谈，而是要有理由和论据。

　　这两种观点都需要有证据和论证来支撑，否则结果就是一场学术游戏，只能绕着逻辑的圈子转，而不能产生任何有用的东西。辩证方法因其逻辑过程而吸引人，但如果不小心，你可能会错误地断言。

　　辩证思维的缺陷是它会导致淡化甚至荒谬的结果；平衡的过程只允许适度的陈述，也需要解决方案，许多创造性的实践保持开放，处于一种极端和另一种极端之间的紧张状态，没有任何简单的解决方案。对这种方法的其他批评，则是对辩证过程的抽象本质提出质疑，这种批评甚至把最普通、最日常的问题，也纳入了语义和理想的范畴。因此，实际的事实变得难以处理，因为它们不能通过这种方法轻易地证明。

　　然而当确立了的对立关系需要加以研究时，各种辩证法仍然是有用的。使用已建立的二分法可以通过综合命题得到一个解决方案，而不必人为地确定荒谬的或明显不真实的对立关系。在这方面，综合命题不是两极的融合或混合，而是二分法所引起问题的真正解决。然而，并不是每一个问题都如此明显地两极分化，如果不小心使用辩证方法，就会忽略复杂的可能性网络。然而，这种方法对于调查积极争论的情况，理解日常事件背后的一些潜在政治是有用的。

反思的实践者和基于实践的研究

这种创造性研究的起源是在艺术。有必要进行尊重相关学科实践的研究，使创造性实践能够被视为与传统学术文本同等的知识传统。自20世纪90年代以来，这一领域已经取得了显著的进展，并且被正式定义为涉及建筑的"知识转移伙伴关系"。然而，建筑实践本身仍有空间成为一种研究形式（关于这个问题的进一步讨论，见第15章）。

基于实践的研究提出了什么是实践，以及如何将实践也视为研究的问题。什么时候是单独的实践，什么时候它还包含研究的成分？在这方面，唐纳德·尚恩（Donald Schon）的《反思实践者：专业人士如何在行动中思考》（*The reflection Practitioner：How Professionals Think in Action*）是一本特别有影响力的著作。著作中论证了一种实践模式。通过这种模式，从业者不断地批评自己的行动、反思行动，因为他们采取了适当的变化。这种反思实践的循环，是连续行为和思考，是划分以实践为基础的研究领域的一种方式。

将没有研究成分的实践定义为"唯一的"实践常常是有问题的——这意味着实践的价值不如研究，这只是一种不幸的说法。但问题仍然是基于实践的研究必须努力让自己既实践又研究。

一个解决方案是模糊这两个类别之间的界限，这是简单的概念，有助于思考而不是坚硬的实体与不变的边界。将重铸实践作为研究的一种形式，明确了研究的关键内容。对于建筑的生产，无论是通过图纸、模型、技术还是建筑，仅仅是功能上的和满足设计要求是不够的。它必须有附加价值的调查，有助于我们的学科知识和整个世界。

"正是这种对知识的独特贡献"最常在博士研究中被提及，制定了任何工作的研究组成部分，无论它是如何产生和传播的。必须有研究问题，研究的主体是它所在的位置（如果不是一个现存的文献，以类似的方式参考其他研究和实践）。基于实践的研究，让我们对研究有不同的看法，认识到学科本身，并超越文本。

干预和挑衅
进行以实践为基础的研究的一种方法是通过创作能引起共鸣的作

左图 建立画图工作室聚集了设计师、建筑师、艺术家、人类学家等各类人。这是 2009 年在格拉斯哥斯特拉斯克莱德大学举办的"为生命设计环境"研究项目

品。考虑到实际建筑的成本，展馆或装置是在建筑背景下建造此类作品最实用的方法。这提供了一种方法来测试一个想法，然后评估对这个体验的反应。这可能是一种资源密集型或昂贵的研究形式，但是像激浪派（Fluxus）这样的艺术运动经常会以他们的"偶发事件"介入街头，挑战路人参与他们荒谬或奇怪的活动，在这个过程中重新定义公共和城市领域。

这项研究可以类似于使用后评估和环境心理学的形式，但它有语境方面的内容。假设表现为一种物理形式，一种互动的环境，可能是一个视觉展示，一种可以探索的环境或听觉现象。可以记录人与装置之间的互动，进行访谈，通过干预引发反应。

这样的运用可能会导致相当激烈的反应（仇恨、厌恶、不适）。这取决于研究本身，而且如果要解决有争议的问题，必须经过彻底的道德审查。对空间的简单干预是一种有名的艺术方法。但是，干预的记录可以在事件发生后进一步分析。因此，这类研究依赖于详细记录和详细分析，以便成为博物馆或其他公共空间的游客有趣的话题。

实验法

虽然实验方法常用于科学领域研究，但它只偶尔被用于建筑学研究中。在某些方面，传统的建筑设计过程与实验方法并没有太大的不同，即重复过程是在解决给定的问题或假设时进行。

通过建立实验方法，需要设置一些参数：进行实验的活动和方式。例如，可以为许多参与者建立活动，以使用一种新的CAD绘图形式。为了评估这个系统的质量，需要每个参与者有相同的条件和活动，以及他们之前的CAD经验和基本情况的细节。实验之后会有一次面谈，研究数据将包括绘制的图纸、所做的实验记录和对面谈的回答。

实验法是研究的响应形式。因为每个实验都暗示着研究的下一步。实验的结果可能无法预测，但这实际上是这个过程的主要好处——它允许你设计你的下一个实验去提出一个更具体的问题，质问你正在讨论的领域的一个有针对性的方面。

验证方法

研究方法应该在你的工作中公开和诚实地概述并讨论成功的方面，以及对那些不太有用的元素的一些注释。研究实践的描述包括进一步的参考文献来验证研究方法。即使是已经确立的研究方法，也应该以这种方式记录下来，这样读者就能确切地知道你是如何了解某些事情的。

这并不需要详尽无遗，但验证的概念与文献综述的过程类似。你需要把研究放在知识语境下，讨论所面临的方法上的挑战是一种方法。建筑没有单一的研究方法，这是该学科的一大优势，因为它允许研究人员接触到与建成环境和我们居住在其中的各种各样的问题。保持这种多样性依赖于明确的方法论陈述，诚实地说明这些方法的局限性。

哥本哈根大学图书馆，
由约翰·丹尼尔·赫
霍尔德（Johan Daniel
Herholdt）设 计， 于
1861 年完工

第3章
建立文献综述

　　研究不是在真空中进行的，它总是通过关注那些构成研究框架的更大争论而得到加强。这一章详细介绍了一些收集文献综述的方法，从在档案和图书馆数据库中寻找相关文献，到接近这些资源的方式。

　　一个关键的考虑因素是资料的相对优点。因此讨论文献的类型和每个人的贡献都很重要，特别是考虑到资料来源的可用性，从同行评议的期刊到专业建筑出版社、建筑公司或客户的网站，甚至个人博客。每一种都在研究中发挥作用，尊重差异是产生好研究的关键。

　　除了期刊论文或书籍章节的简单分类外，评估资料的质量和用途也很重要。必须评估作者使用的资料来源和他们的方法，并追踪这些文献的后续影响，无论是被奉为经典还是最后争论甚至是遭到拒绝。

　　建筑项目本身的用处会是其中很大一部分。把这些先例研究当文献学来对待，使它们与文学和文化研究中的小说、艺术史上的艺术品或电影院中的电影，处于类似的地位，作为可以解释和被询问的文本。关键还在于档案和图册的使用。世界各地的各种机构，包括伦敦的英国皇家建筑师学会（RIBA）和蒙特利尔的加拿大建筑中心（CCA）以及各种大学档案，都保存着重要的原始资料。当地的城市和政府档案也可能有有用的材料。这一章包括如何使用资料的建议（如何找到相关的资料，以及在使用资料时可能会有什么限制）。

　　在许多方面上，本章是关于收集参考文献的。大多数研究不会像实际的参考书目那样包含大量的文献，但是参考书目汇编是研究的重要部分，而且许多有经验的读者在阅读文本之前会先看论文的这一部分。

确立研究领域

首先，确定想研究的领域，确定它的范围，收集、阅读和记录与研究相关的题目是很重要的。在很多方面，这类似于侦探小说，因为一篇文章会很自然地引出其他文章，并为研究提出新的路线。大多数研究都是从对某个主题的好奇开始的，并且会有起点，一篇文章开始对这个主题的探索。

如果你的领域可以被理解为一个城市或地区，有几种方法可以采取。或者，领域可能是一个实践或一个独立建筑师的工作，在这种情况下，同样有几种方法可以开始研究。以类型学为基础的研究，可以考虑住房、博物馆或百货公司的历史。这意味着找到资料来源的具体方法，包括学术文本和在某些情况下的法律框架和立法。

还有许多其他可能的建筑研究领域，这将在研究问题中建立起来。在建立研究领域时，要探索与该主题相关的所有相关材料。即使是对有经验的研究者，确定相关性是困难和有争议的，但这是一个重要的过程，因为几乎任何研究主题都会有丰富的材料来提供信息。

了解研究是重中之重。选择与当前主题相关的著作将使研究项目更全面，也将使读者能够精确地追溯论点。有时，读者会很想看看你的文章对知名文章做了什么：你是否有新的语境来应用这些文献，或者对其有用性有创新的看法？在其他时候，读者会希望你的研究能提供一种关于该主题的带注释的参考书目，为他们提供许多之后可以遵循的路线。

发现相关成果

你的第一站应该是学校的图书馆，图书馆已经积累了资源以支持学生和教职员工长期研究。大多数学术图书馆也会有可以帮助找到最有用资料的专业图书管理员（一些建筑高校甚至有专业图书馆）。如果图书馆没有要找的书,那么他们应该可以帮助订购:的确,当图书储备不足的时候,向学术人员或图书馆员指出这一点是很重要的。

学校的图书馆也会有入门培训等指导活动。参加这些活动很重要,因为它们在那里能帮助你最大限度地利用这一宝贵资源。

如果你是为特定的任务写作,那么通常会有阅读清单和必读书目。毫无疑问,选择这些文本是为了以多种方式帮助你:不仅是复制讲课材料,而且为调查提供更广泛的学术背景。根据工作看看要求的阅读材料,也校对推荐名单或进一步阅读的清单,因为这些通常会提供帮助或线索。

你阅读的大多数文章都有自己的资料来源,这些可供进一步论证或信息的参考。挖掘并深入这样一篇文章,有助于你拓宽对该文章的理解,并进一步理解其中的含义。例如,查阅文章使用过的关键资料让你更好地理解他们的理论框架。确定框架可以帮助找到其他涉及有问题的理论文本,并建立原始文章无法建立的联系,甚至批判和拆解它的论点。将文本看作是可以在重组之前被分解或拆开的东西,可以有更多的方法进入它的论点。作为一个研究者,可以有更多的方法来创造性地使用它。

搜索目录的方式因网站不同而有所不同,但这通常是通过电子门户来完成的,该门户允许你使用宽泛的术语或者使用更狭义、更具体的术语进行搜索。辅以搜索其他资源如互联网搜索引擎甚至大型在线书店,就可以确定你想读的书。

建议从宽泛搜索转向狭义搜索。在你开始决定哪些资料对研究最相关和最有帮助之前,先广泛撒网,可以确定在给定的题目上有多少材料可供使用。学习使用图书馆的搜索引擎需要一点时间,但是值得的投资,因为这可以快速优化搜索,找到材料,扩大研究范围。当要使用大量难以获取的书籍时,你可以去像大英图书馆这样的大型国家图书馆查阅。

像这样的图书馆具有法律地位,这意味着作者和出版商需要把他们的书送到那里。它们的藏品如此之多,意味着你需要在参观前做好准备,这就像进行一次档案研究之旅,详情如下。

诸如 JSTOR 这样的组织机构会协助进行搜索。JSTOR 整理了大量横跨广泛学科的历史期刊文章。你还可以通过使用数据库来缩小图书馆搜索范围。这意味着搜索不包括其他学科（如计算机科学）对"建筑"等关键字的使用，这些术语指的是所使用的物理硬件。数据库包括《英维利建筑期刊索引》（Avery index to Architectural periodicals）、《英国皇家建筑师学会英国建筑图书馆目录》（RIBA British Architectural Library Catalogue）和《设计与应用艺术索引》（Design and Applied Arts index）。这些都可以通过你所在的机构图书馆获得。

右图　说明图书馆研究步骤的流程图

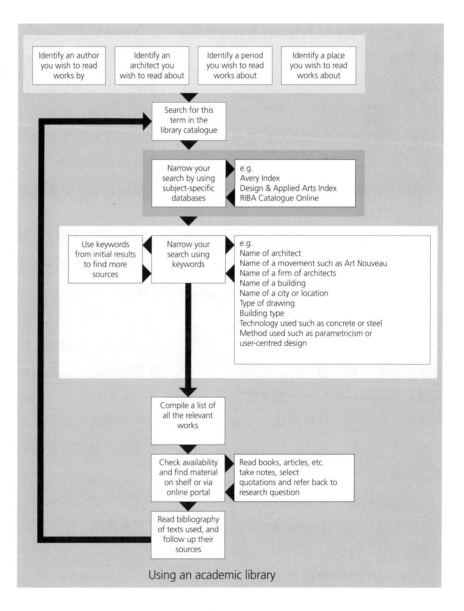

档案研究

而大多数文献综述将涉及图书馆和出版物，相关的原始资料存在于各种档案中，为研究提供了宝贵的资源。档案在建筑学中尤为重要，因为它们通常会保存原始的图纸，并让人们可以在文章和信件旁边查阅。档案中的资料通常是独特的、未发表的和未经改动的，档案的组织遵循其加入的原始顺序。这一顺序原则有时会使更习惯于图书馆分类的研究人员感到困惑。

档案可以分为很多独特类别：

个人收藏：大量的档案是个人一生的收藏。一旦临界距离使各机构评估其贡献的价值，这些往往在其职业生涯的晚期或去世后编目，这些可以由更大的组织（例如当地县档案馆）或大学档案馆持有，该机构通过协会获得收益，同时负责编目、访问和保存材料。

机构档案：一些重要的公共组织，如地方政府和市政当局，将保存档案作为其管理程序的一部分。这样的档案形成了一种关于如何做出决策、城市生活以及规划和实施过程的机构记忆或特定地点的历史。

商业档案：最大的建筑实践机构将能够维护自己的档案，作为一种增强自身机构记忆的方式。这是相对罕见的，通常以收藏品被购买或赠送给更大的档案馆而告终。

从一开始就要确定对你研究有益的档案是很重要的。档案的原始顺序原则意味着资料有时会分散在多个机构中，但保存在具有共同出处的连贯收藏中。使用档案库最初要求研究人员使用目录和其他查找辅助工具，这些工具通常可在线访问。使用目录，你就可以搜索并选择你感兴趣查找的资料。参观档案馆不是翻箱倒柜的练习，而是一种更加有序的活动，可确保材料留在你发现它的位置上。在线查找辅助工具会有很大帮助，通常允许对与馆藏相关的关键词进行元数据搜索。

然后你必须向档案管理员申请想看的资料，并安排预约访问。虽然大多数档案馆都是完全开放和自由访问的，但不能简单地走进来就期望看到资料：准备是至关重要的，因为档案管理员需要时间来找到资料，甚至从外库订购。档案管理员非常了解他们的档案，他们会告诉你应该在什么时间分配给想要看的每一份档案，还会建议进一步可能感兴趣的研究材料。当然不应该假设他们会做研究，但与档案工作人员合作的关键是要明确感兴趣的内容。就像所有事情一样，问题越具体，可能得到的答案就越有用。如果你对某事有任何疑问就问。

到达档案馆后你会被告知每个档案的规则。例如有些档案允许数码摄影，而有一些档案则不允许。如果这是研究的重要部分，那么必须事先询问档案管理员，这样就不会在太短的时间内留下太多要看的材料。拒绝的理由从保存（在这种情况下，可以付费订购档案馆制作的复印件）到版权问题都有（档案馆持有资料，但不能给予资料复制的法律许可）。一旦到达档案馆，通常没有商量的余地。所以要提前询问，因为这可能给档案管理员安排复印或者与版权所有者讨论你的项目的时间。

一些资料将在线提供，如果诸如旅行成本、脆弱性或保存等因素阻止使用原件，这将提供非常有用的摹本。实体记录总是可取的，因为即使是最好的数字化也不允许你同时处理资料。

每个条目都有唯一的参考文献编号，其中包括它所属的收藏。你需要条目来订购想看的资料，并且应该在笔记和后续研究中保留它的记录，这与引用已发表的文章非常相似。这确保了你不仅在应得的地方给予了信任，将你的研究与保存该材料的档案联系起来，而且还允许研究人员在未来查阅同一条目，看看你对它的阅读是否经得起审查。

访问档案馆的实用性被详尽地介绍了，所以本章将继续讨论为什么访问是重要的。首先，即使是那些在建筑历史和理论经典中占有重要地位的主题，每一代研究人员都会有新方式阅读和处理。历史总是以不同的方式告诉我们当代的情况。其次，档案馆还保存着最原始的材料。这似乎是一个奇怪的短语，但原始的概念本身就是一个潜在的研究项目，所以更准确的说法是材料尽可能接近原始。这意味着可以更接近研究对象进行研究，比如了解建筑过程：什么可能会发生，什么被拒绝，决定如何变动到下一个决定。档案也能让你看到个人更广泛的兴趣群：对他们的工作产生影响的论文和闲散的思想。整个设计过程都可以存在，缺席可以像决定保留什么一样有说服力，并且过程中的所有参与者和代理可以在最枯燥的机构记录中存在。

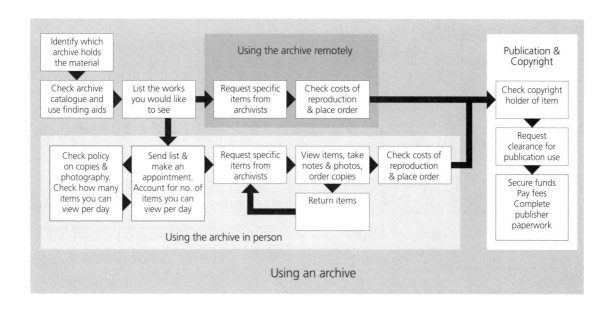

上图 档案研究步骤流程图

解读材料需要对其产生的时代有一定的定位。根据今天的关注和价值观来判断过去很容易，但历史人物只能对他们所处的环境做出反应，因此广泛的历史背景有助于解释你在档案记录中的表达。

评估资源

你研究的关键部分是评估所使用的资源。这不应导致关于纳入的分类决定，但应该对你打算如何使用所提供的信息产生影响。可能的文献有很多种，从个人博客到同行评议的期刊论文，所有这些都有它们的用处，但必须按照它们自己的条件来处理。

同行评议期刊：这些已经被作者的同行仔细审查并提供了研究的黄金标准，但它们仍然可能存在争议和自以为是。最新的、经过验证的研究可通过《Architectural Theory Review》、《Architectural Research Quarterly》、《the RIBA Journal》、《Perspecta》和《Chora》等期刊查阅。你可以对任何来源提出异议，包括期刊论文，只要你的论点被研究证实。

编辑系列：多名作者共同撰写一本书经常受到出版商和学术编辑的严密审查。这些通常是学者或以学术为导向的建筑师的同行评审期刊或会议论文的较长的版本。因此，它们通常是可靠的来源。这些系列的主题性质使它们特别有用，但记住引用这些卷内的特定论文而不是整个系列。

学术专著：这类书只有一个作者，一般都是经过充分研究和批判性信息，有丰富的来源和强大的编辑过程。这些有时可能包含一些未经证实的观点，但只要考虑到潜在的争议性，它们可以为研究提供优秀资源。容易混淆的是这种单一作者的著作在学术界通常被称为"专著"，但建筑学有一个特定的建筑学专著类别，它承载着不同的内涵。

建筑专著：这些书是关于一个建筑实践或建筑师，并且如上所述，不要与"学术专著"混淆，前者是单一作者的书。编写它们所需要的访问权限通常意味着关于单一建筑实践的书籍是不加批判的，尤其是在建筑师还活着的时候。这些是有用的背景信息，但有时只是实践网站的发布版本。当作者调查历史建筑师或实践的工作时，他们可能更自由地提出批评。

手册：为大型展览制作的手册是有用的文本，通常包含重要评论家、历史学家和理论家的文章。这些手册都是应邀出版的，通常缺乏学术专著或编辑系列的批判性优势：它们很少会挑战手头的问题，或使它们成为问题，但它们通常是由该领域中受人尊敬的专家委托制作的，还包括由策展人撰写的文章，因此它们是有价值的文本，并有获取图像的最佳途径。

专业建筑出版社：这些出版物包括《建筑师杂志》（*Architects' Journal*）、*Domus* 杂志，甚至《建筑设计》（*Architectural Design*）等。这些通常是基于观点的、缺乏严谨性。尽管不能单独使用，但它们通常是有用的、最新的资料来源（有时包含一些关键内容）。

学术和实验建筑出版社：这是一个有点尴尬的类别，但总是有一系列实验性的出版物以不同的方式融合了建筑理论和批评。出版物如 *Pamphlet Architecture*、*MONU* 和 *San Rocco* 属于这一类，以及早期的例子如 *Archigram*。这些期刊的特点是具有一定程度的批判性和表达方式的灵活性。其他学科可能会发现这些问题，但它们仍然是建筑学争论中最有趣的来源。不过要注意他们的论点的诱人之处，因为潜在的政治议程往往与内容紧密相连。

建筑公司网站：这些都是对任何工作的绝对正面的看法，但它们仍然可以作为一个有用的来源，用来判断建筑师对项目的意图。请记住这里的术语有时令人费解，而且设计得让人印象深刻。

客户网站：这也是对任何工作的绝对正面的看法，但是它们仍然是有用的来源，可以显示方案对简报的响应程度以及建筑实际使用的更多细节。

个人博客：由于不可靠且缺乏严谨，依赖这样的消息来源可能会陷入死胡同。检查作者是专业人士、学者、评论家还是学生？这些资料来源往往缺乏文章本身所具有的权威性，所以要谨慎使用。然而，这样做的好处是这些资源是有影响力的作家可以保持存在感的实验空间，或者正在进行的研究项目可以立即传播研究成果。

专业协会网站：英国皇家建筑师学会（RIBA）、加拿大建筑中心CCA、皇家城市规划研究所（RTPI）、国际人类环境研究协会（IAPS）等协会的网站可以成为研究的有力来源，但是它们很可能有一个值得关注的机构地位。询问这些是否是与政府相关的组织，具有监管作用或其他机构/保守立场。

艺术/小说/电影作品：可能会依靠诗歌、小说、电影或其他非传统的来源。如果是纸质出版物，可以在主要参考书目中引用，不需要区分期刊、书籍、网站等。电影应该用单独的影片目录来引用，可以作为研究的主题，想法的片段不能在其他地方展示等。艺术作品比如绘画和雕塑往往不以这种方式引用，但在文本中应注明艺术家的姓名和作品的日期。这样的资料来源永远不应该成为学术论文中唯一的资料来源，但是它们可以丰富一篇已经被广泛引用的文章。建筑作品也是这样处理的。

通用网络资源：像维基百科这样的普通网站并不是可靠的信息来源。它们可以用来指导最初的研究，但维基百科上的任何内容都必须经过其他来源的验证。这个来源会优先被认为是更值得信赖的。这样的信息来源对引导最初的想法很有用，但绝对必须跟进。此外，完全匿名的来源不应该用于学术作品，除非没有其他同等的来源存在。然后必须在解释性脚注中说明对这种来源的使用。

回顾文本

实际上，回顾文本的过程很重要。这是学术实践的基础，虽然每个研究者都会找到自己的方法，但在进行文献综述时，首先要考虑一些共同的出发点和问题。这里要记住的关键一点是文献是研究的原始材料，不需要完全同意它就能在研究中使用它。

细读文本是第一步。在阅读的时候做仔细的笔记是很有帮助的，用自己对每一本书或文章的看法来与文本对话，记下关键的论点以及如何将这些论点与主题联系起来。

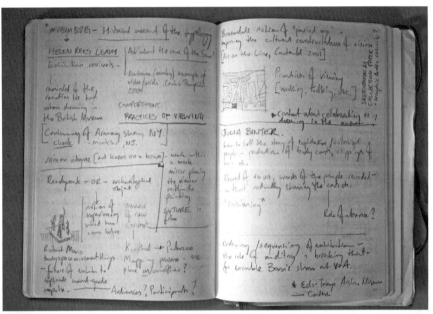

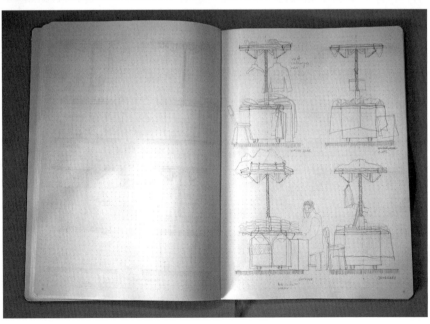

上图 作者的笔记本，展示了笔记记录的实践

你会找到自己的方法来做这件事，但是以一种缩短阅读和写作之间距离的方式来回顾文章是可取的。这可能会感觉不自然，但如果你一边做笔记、抄录引文，一边思考研究的意义，就会以一种相当直接的方式来撰写研究和文献综述。如图所示，我使用纸质笔记本，同时也做电子笔记。环境和便利往往促使做这个决定。近年来，随着平板电脑的普及，我越来越倾向于使用电子笔记。做笔记在这种情况下可以被视为对有关文本的评论，挑选出特别重要和有用的段落来阐述立场。这是阅读和影响网络的一部分，所以草稿也一样，总是取决于读到的下一篇文章或做的下一个案例研究。

评论需要编辑才能有用，但它提供素材的方式和纪录片制片人罗伯特·弗莱厄蒂（Robert Flaherty）一样。20 世纪 30 年代，弗莱厄蒂在约翰·格里森（John Grierson）领导下的 GPO 电影部门工作时，他拍摄的镜头比他所委托拍摄的单部电影要多得多。在他的钱花光之前，弗莱厄蒂可以从这些素材中编辑出一部电影，但是制片人格里森可以从这些丰富的素材中编辑出更多的短片。随着时间的推移，笔记本可以成为如此丰富的资源。

记住也要把你的参考书目记录下来。可以是文本或电子表格文档的形式建立参考列表，仔细记录想要直接引用的页面和章节。EndNote、Mendeley 和 Zotero 等软件也可以帮助编译。现在有了移动设备和平板电脑应用程序，比如 RefME，它能够扫描一本书的条形码以生成参考书目。

如果着眼于未来，笔记本可以和速写本一样珍贵。记笔记越仔细，笔记就越有价值——它能在你进行当前研究工作之后的多年还能找到一些东西。

2015 年 7 月，与艺术家兼人类学家珍·克拉克（Jen Clarke）在仙台画廊（Gallery Turnaround）合作绘制"线条的分类"。这次合作探索了创造力的本质，通过在纸上画的线条作为一系列合作和对话的图纸

第4章
跨学科研究

跨学科研究变得越来越重要，让研究接触到其他研究领域提供的东西，并使他们的工作与建筑和建成环境相关。

这种跨学科的研究并非没有困难。与他人合作首先很困难，但当另一门学科被引入混合时，语言和工作实践中的细微差异可能会导致问题。从根本上说，每一个学术和设计学科都对人类状况的不同方面感兴趣，尊重这些界限是跨学科研究的一项功能。

然而，跨学科研究的好处远远超过了缺点，这一章将给出如何在新的工作中处理这个日益重要的领域的建议，建议包括团队工作、在同一学科中与他人合作以及在这样的项目中保持个人身份。关键在于定期会议的文件和准确记录，团队内的分工，以及一旦作出决定后对集体责任的立场。

确立学科专业

跨学科的研究在当今的学术研究中是司空见惯的。它是丰富研究活动的重要途径，通过向那些对某一主题有共同兴趣，但以不同方式、不同焦点进行研究的人开放方法和理论。简而言之，有一些与建筑研究相关的专业知识，可以通过将它们引入到研究中来获益。

第一步实际上是要了解你自己的学科。你可能不熟悉将每个学科领域或研究领域称为"学科",但是这个术语在描述学术实践之间的优势和差异时是有用的,所以我将在这一章继续使用学科和它的根源。在这种语境下,建筑学可以被理解为一门独特的学科。它还属于一个广泛的学科组,可以被称为"建成环境学科"。这个组包括建筑学、城市设计、规划、土木工程和景观。这些学科在世界设计干预方面有共同的兴趣。其他分类也有争议,比如设计或艺术学科;在某种程度上,这种组合具有历史特征。例如,建筑过去一直被认为是"艺术之母",但从那以后就远离了艺术和应用艺术。

思考学科专业可以鼓励思考你自己所在领域的特点和兴趣。学科专业之间的界限是什么?首先什么是建筑?

在研究语境中,关键不是为每个从业者寻找建筑的绝对定义,而是考虑建筑对你和你的研究团队或者实践意味着什么。每个分组都会找到自己的定义,通常包括对下列要素的定义:

语境,领域或者操作规模

考虑研究的领域很重要,因为这通常是学科之间重叠的重要领域。社会学、人类学、地理学、政治学、城市研究和发展研究在内的学科,都对城市领域有共同的关注,每一学科都有不同的观点来阐述这一背景。这里的协作展示了这种共同关注,同时也对方法论进行了争论,无论是调查、统计和数据收集、民族志和其他田野工作,还是基于统计或文献的方法。

方法和实践

学科也可以重叠他们的实践,这种情况在行业中最常见,建筑师不能孤立地行动,而是经常会在规划师和工程师的指导下工作,由城市设计师的总体规划指导,委托艺术家、室内设计师和景观建筑师来监督部分具体的工作。

结果和输出

研究成果本身也可能是重叠的地方。在规划指导、研究论文和展览

上的合作，都是建筑师与其他人合作完成研究的例子。合作可以在很大程度上由预期的结果来引导。

上图　在不同语境下跨学科项目的例子

　　重要的是不要在这个定义上叠加议程或宣言，因为学科定义仍然需要包容性的声明，而不是只有一小部分人可以订阅的声明。

确定跨学科文献或合作方式

　　开展跨学科研究有两种关键方式：通过文献和通过合作。两者都是有益的，但也有局限和限制。然而，值得再次强调的是，没有一门学科能够掌握全局，而且这些替代方法所表达的利益往往令人担忧，甚至相互排斥。

研究文献

　　在许多方面，研究跨学科文献是一个更安全的选择，因为研究人员更能控制过程，选择他们的方法，并从材料中提取他们所选择的内容。不过也有一些需要注意的地方。主要的问题是一门学科和另一门学科在语言和参照点上的差异。例如，考虑在自己的学科中语言的使用：建筑物和建筑问题的使用方式，围绕某些建筑师和关键文本的速记。这样的捷径存在于每一个学科中，可能需要在开始之前做大量的背景阅读。

一个典型的例子就是我对电影和建筑的长期兴趣，我会分享，但我仍然会注意。通常，建筑专业的学生们会因为对这一媒介的共同热情而在这一听起来很有吸引力的领域发表论文。然而电影研究本身就是一门已经确立的学科，并且为我们更批判性地理解电影在很多方面做了很多艰苦的工作。有一些经典的理论，如蒙太奇、观众、制作设计、符号学、场景调度、叙事和电影里的性别解读，所有这些都有助于电影的研究。其他来自这个学科之外的人也经常被引用：与文学理论、哲学和文化研究一样，批判理论家 [沃尔特·本雅明（Walter Benjamin）对电影研究，与西奥多·阿多诺（Theodor Adorno）对音乐研究的偏好相反] 也很受欢迎。

有一点很清楚，首先要接触某些基本文本以便将与你感兴趣的主题相关的更有针对性的文本置于上下文中。这意味着比较电影中的态度和建筑中的态度（大概是通过观看大量电影并运用现有的建筑知识）的令人愉悦的前景因大量文献的存在而变得复杂——作为研究人员，即使你发现文献中存在差距，你也必须对其做出一些回应。此外，近几十年来电影和建筑的分支学科也出现了。

由于交互的基础，这种跨学科形式不同于协同工作：通过书籍、期刊和其他文本以及电影本身原材料等。学术写作、设计项目和电影制作的机会都可以通过学科交叉而获得的独特成果。通过在电影中使用建筑风格和比喻，或者将电影作为案例研究甚至设计过程的一部分，对电影理论如何指导建筑的研究都有长期存在的先例。

协同工作

与其他学科的合作伙伴直接合作在很多方面都很困难，但可以与来自其他领域的专家进行直接对话，他们可以更迅速地回答你的问题，并通过他们自己的学科兴趣来解释共同关注的问题。

　　第一个任务是找到合作者。虽然写邮件给你通过网络搜索确定并通过电子邮件联系的潜在合作者相对容易，但由于参与者的兴趣程度不同，这可能会产生不同的结果（他们在项目中没有最初的利益，经常被视为一种资源，几乎没有任何实质性的回报，而且他们可能只是太忙而无法充分回应）。当用这种方式接近别人时，最好能给他们一些东西，可以是对共同撰写研究论文的承诺，或者是组织的一系列正在进行的活动，或者获得他们可能感兴趣的研究和数据。每个从事跨学科研究的人，都需要从这种接触中获得一些东西，而不是唯利是图。它不需要是即时的或金钱上的，但必须为每个参与者提供一些好处。找到更持久合作的方法之一是参加研究研讨会、讲座、讨论会、座谈会和其他活动。大学通常有很多这样的活动，对所有人开放，但实际上观众非常少。并不是每个演讲都和你的领域相关（或者一开始看起来不是这样），但在研讨会结束后经常会有讨论，接着是午餐时的社交对话。一旦确定了需要合作的领域，这是一个很好的初次接触的方式。如果他们不能帮助的话，那里的人将能够建议你去联系谁。

　　专业活动也能提供类似的社交机会，但要获得邀请可能会比较困难。有礼貌的坚持、订阅邮件列表和寻找相关的协会加入，这些都是使自己成为任何相关讨论一部分的非常有效的方法。

　　你的行为举止也很重要；不要等着别人来接近你，而是要注意并提出问题，这些问题可以用你的学科中的例子来支持，这些例子对听众来说可能是新的。参与是这类活动的关键，安静地坐在会议室后面是不会开启讨论的。根据你的兴趣提出问题；利用讨论来获得一些你正在寻找的信息。

　　一旦有人与你讨论你的研究，保持联系：分享你自己的一些工作，让他们知道你来自哪里，并有一个明确的建议，概述你的兴趣、你的意图和你想要的帮助。

　　你问题的答案会让人吃惊，因此请控制好你的期望，并开放式的询问。这样你就能真正地进行合作，而不是把别人当作咨询师或验证信息的提供者。你的合作者通常会建议来自他们学科的文本或想法，这些文本或想法是他们如何考虑问题和问题的基础，最好的做法是开始跟进这些，分享一些你自己的影响和参考文献，以建立联系和共同语言。

寻找共同点和共同语言

在以上两种跨学科的例子中，都没有愚蠢或幼稚的问题。这样的问题是对允许一个学科理解另一个学科的基本问题的质疑。这是建立一些共同点过程的一部分，并理解一个学科必须对一个复杂的、棘手的问题做出的贡献。

最好的方法之一，就是从关键术语的定义开始。在任何研究项目中，这通常都是可取的，但在跨学科的研究中，这一点尤为重要，因为同一个词可能意味着不同的东西。有几个词在建筑学中有非常特定的含义，但是在其他语境中具有完全不同的变化。这有时是由于词语的挪用、使用的变化或将它们作为一种特定的风格而不是作为一种理论来部署。

"现代"就是一个很好的例子。这个词在不同的语境中有不同的含义。在建筑学领域中，"现代"及其相关的"现代主义"可以广义地指20世纪的建筑（有时也包括工业革命），但有些人会将其缩小为一套风格，以简化或消除装饰为特征。建筑现代主义经常被描述为一种从之前的迭代发展的决裂，建筑作为一种表现形式的巩固和通过建筑所能实现的开放，这与当时社会、文化和政治的变化是平行的。

然而，现代主义作为一个术语在其他领域有不同的用法，并且具有鲜明的特点。例如，现代主义与进步和全球化的政治概念之间的联系在人类学中给出了非常有害的关联。在纯艺领域，现代主义具有反思性的特点：艺术以某种方式暴露其生产手段，消解幻觉冲动。现代主义伴随着民主化：艺术品的委托过程和主题从旧的权力基础转向了大众文化、大众媒体。

跨学科工作的实用性

在一个团队中进行研究需要组织，而当那些来自不同领域的人一起工作时，这种结构就显得尤为重要。跨学科的研究领域尤其令人担忧，因为不同领域之间长期存在的误解可能导致冲突。例如，一些学科主要依赖定性数据，而另一些则依赖定量数据。这一根本区别并非不可能解决，除非在任何合作的早期就明确了基本规则，否则问题可能会反复出现，并最终侵蚀工作关系。

无论是由于跨学科的误解，还是更个人化的紧张关系，这些紧张关系经常出现在研究合作中，所以找到创造性地解决这些问题的方法是很重要的。

由于每个学科固有的政治因素，常常会产生误解。建筑学本质上是一门干涉主义学科。这与人类学和社会学等社会学科背道而驰，这些学科倾向于观察，而不是直接改变环境。这可能会引起摩擦，尽管他们都关心诸如住所之类的问题。

紧张关系可以有许多解决办法，通常最有效的办法是利用形势并使其更加明显。在存在直接冲突的地方，将其完全暴露出来，并将争议的两极整合到研究、行为和结果中往往是有趣的。这导致了相当不令人满意的结论，但确实展示了日常生活的丰富性、偶然性以及它所有的复杂性。

解决冲突需要找到共同点，回到对学科和制度术语的剖析开始，接着重述研究的最初目标。

研究团队由不同的学科组成时，建立共同的目标是很重要的，无论是研究的学术内容还是研究成果的实用性。在第一种情况下，小组讨论这些结果是很重要的，而且小组的每个成员都要为集体的目标做出贡献并达成一致目标。

立场文件

如果每个参与者都构建了一份立场文件并在合作项目开始时提出，他们将明确表达自己的兴趣和方法，这可能会带来意想不到的联系和共同兴趣的可能性，以及突出任何潜在的不和谐并尽快消除它。

分配角色和分工

使流程合理化的一种方法是明确分工，但这有一些隐藏的缺陷，特别是任何研究过程都涉及一些在当前项目范围内无法进行的死胡同和元素。当研究团队的一些成员花时间去开发一些共识同意放弃的东西时，这可能会导致问题。因此，尽管分配角色可以是一种充分利用团队中可用技能的最佳方式，但要意识到，当必须就研究方向做出决定时，进一步划分研究的所有权可能会很棘手。

维护身份

在对集体的讨论中，维护研究团队成员的个人利益是很重要的。每个人都必须从合作中受益，这包括学科兴趣和个人。协作工作有很大的收益，但也有将一组利益置于另一组利益之下的风险。良好的领导结构对于平衡这些利益至关重要。

文档和记录

即使是不太大的合作，文档也非常重要。在一篇合著论文中处理多个版本的文档是一种记录保存方式；另一种是做会议记录，记录所做的决定和已经进行的讨论。讨论在很多方面都是真正的研究成果，而不是论文、项目、数据集或展览；合作项目通过开展解决老问题的新方法而继续存在。

共同责任

研究小组是一种对等关系，而不是一个咨询过程。团队必须能够就某个立场和方向达成一致，即使在讨论中团队成员有不同意见时也是如此。这不是公式，团队组织需要根据具体情况来处理，但是过程中所有的透明度和清晰度对于有效地运行协作项目是至关重要的。相互尊重的基础是允许小组的每个成员轮流表达他们的立场，可以是书面的，也可以是口头的。一个有意识、有责任感、能组织团队的有效领导者也会有所帮助，只要他能够提供帮助而不是指导。

合作：框架和实践

我们进行合作的方式在很大程度上取决于合作者的数量。与来自其他学科的同事一起工作，可以直接合作撰写论文，而在一个较大的团队中，写作的责任是由许多作者平均分担的。

跨学科工作通常有以下几种模式：

建筑学和……（Architecture and … ）

这种关系表示一种以建筑学为主要关注点，但是阅读不同学科的方法，比如艺术或者人类学。"建筑学和……"是一种相当程序化的操作，只是简单地将一个学科与另一个学科联系起来，以便理解它们可以给彼此带来什么。在此关系中，一个学科通常占主导地位，因此试图通过应用另一个学科的筛选器、规则、关注点和理论来更多理解建筑学。这在某种程度上类似于电影中的蒙太奇操作，俄罗斯电影制作人谢尔盖·爱森斯坦（Sergei Eisenstein）曾用一个著名的公式描述过：A+B=C，这里也是 C>A+B。关系本身添加了一些额外的东西。

……的建筑（Architecture of … ）

用"……的建筑"体系来表达这种关系与上述略有不同，并且产生了更直接的研究对象。这是对其他事物的建筑的观察，可能是社会关系的建筑，经济交换的建筑，奢华的建筑。这是一个概念在建筑上表达的结果，因此这是一个通过建成环境表现出来的主题的例子，以便理解它对建筑形式产生了什么影响。

建筑与……（Architecture with … ）

"与"另一学科合作是一种更全面的合作形式，其中一个学科更多地通过另一个学科的方法和技术来表达。如果将建筑学与另一门学科结合起来，那么就会涉及另一种认识和理解的方法——理解世界的方法被混合在一起，以至于一门学科可以通读另一门学科。

建筑的……（Architectural … ）

另一种微妙的变化是考虑"建筑的……"，人们可能会谈到建筑电影、建筑地理、建筑编舞。类似"与"另一个学科合作，但更进一步，这里的目标是产生一个新的学科，将学科融合到一个新的子学科或跨学科的状态。在尊重学科界限有用性的同时，知识发展的一个途径是打破和改革这种界限，无论是通过创建相关的子学科，还是通过创建全新的研究领域，比如城市研究的最新发展，或者角色网络理论，这些已经开始成为稳定的学科，但是它们的起源是一个复杂的分层和老问题的混合。有时从本质上看待事物是必要的，这是一种方法。

在当前的环境下，学术界鼓励跨学科专业工作。英国的研究委员会与世界各地的研究委员会一样，强调与不同学科合作的重要性，不仅仅是工程、城市设计和景观等联合设计学科，还包括地理学家、社会科学家和其他学科。这甚至还没有提到与非专业用户组的合作。

研究成果的传播已经从传统的讲座和展览形式扩大到包括知识转移伙伴关系（Knowledge Transfer Partnerships）。这主要是为了科学研究和商业合作而设计的，这些逐渐被建筑学所采用，并为进一步研究提供了机会。这种伙伴关系不仅是学术界同仁之间的合作，而且是学术界和实践者之间的合作（我不愿强调这种错误的二分法，但这种区别的一些因素仍然是有益的和务实的）。

KTP 项目的目标是加快研究成果采纳，缩短理论和实践之间的距离，但是这种伙伴关系也提供了机会，使企业能够从研究转向学术界以外更全面的整合合作。

结论

哲学家保罗·利科（Paul Ricoeur）在他的语言发展叙述中，认为隐喻是一种强大的机制，通过它可以将新的意义引入语言。这个过程从替换开始，通过说一件事类似或像另一件事：类比。这种类比总是参照原文的意思和原文的词，所以我们总是能意识到这种比较，意识到语言的结构。然而通过引入隐喻，利科认为这种替代是一种语言可以处理它无法用语言表达的思想的方式，一个词的隐喻使用实际上是一个全新的术语。跨学科工作的潜力正是这种类比或比喻。通过一件事去理解另外一件事，你对你的家庭纪律有了深刻的认识，这能让你超越久经训练的思维模式。

此外，随着建筑实践的改变——无论是专业上还是学术上——值得记住的是，它作为一门严格的学科的生命周期相对较短：这个词可能属于美术传统，就像泥瓦匠、木匠和建筑工人在现代社会出现之前一样。

第5章
实施并记录实地考察

　　"领域"（field）是一个有争议的术语，在人类学或人文地理学等学科中进行了详细的讨论。在这些学科中，这个概念是有问题的。然而，进行实地调查是研究数据的主要来源，它经常与其他形式的研究相结合。

　　本章阐述了如何从一个国家的建筑风格，到一个特定的城市或一个给定的地点（一块土地或一家建筑公司）来界定领域。在实践中接近一个地点涉及对这个地方的理解，以及人们如何使用它。有几种策略可以帮助实现这一点，从了解场地的历史到接近当地的学者和从业者。

　　实地研究关注语境，对日常生活的混乱进行优先排序可以产生基于现实生活的研究，而不是抽象和冷漠的研究，尽管问题是很难从这些调查结果中得出明确的结论或建议，但它们很好地代表了现实。良好的保持记录、仔细使用速写本和实地笔记，是实地研究的重要组成部分。本文还介绍了其他形式的记录和绘图，并简要介绍了建筑摄影、记录工作以及确保捕捉到最重要和有用图像的方法。其他的录音媒体，如录音和录像也有其一席之地，但是必须作为研究工具加以仔细考虑。

什么是研究领域？

　　实地考察是一个术语，通常用来描述与特定地点或位置相关的研究。这表明"领域"是一个不连续的语境，无论边界如何模糊，是一个有限制和边界的分析单元。

对于一些学者来说，领域可能有一个国家那么大——比如研究英国和爱尔兰的建筑—— 一直到一个大洲或其他公认的范围限制。当然较小的领域更容易详细处理。将城市或地区定义为领域是一种让研究对一个地方进行全面描述的方法。决定领域范围还有其他含义。通过选择一个大的领域（通常被称为其他学科的区域专业），在那里可以建立一系列例子的特点，那么比较工作是可能的；类型学、细节和结构可以在这样的项目中进行编目。较小的领域允许更详细和更具体的研究——对仍然可以参考其他地方和该类型代表的单个建筑实例进行更全面的研究——但它必然有更窄的焦点。

概念化领域的其他方法也存在。一种方法是把领域看作是特定建筑事务所的工作，例如詹姆斯·斯特林（James Stirling）或 OMA 的实践，看看那些关键的人，那些在那里接受培训的人，然后离开去建立他们自己的实践，还有其他的问题，都在那个重要的组织的轨道上。就当代实践而言，这可以通过访谈甚至是该建筑实践工作的民族志数据来补充。

右图和下图　纽约高线
公园的一系列图纸，结
合了平面图和透视图

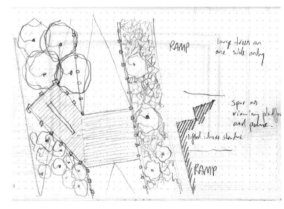

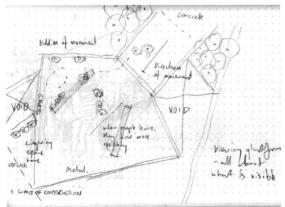

建筑类型，比如歌剧院、博物馆或者住宅，也可以被认为是领域。有时这一领域的定义包括时间范围，因此研究的范围有一些限制。一个特定的历史语境可能是最近的过去、20世纪或古代。

然而领域最常见的定义是最字面的定义：一个或多或少有界的空间。这个词的其他用法是有用的隐喻，并在相同的机制内运作：通过在研究的引言中定义领域，告诉读者研究的大致范围；哪些是包含的，哪些没有包含。这种关于范围的讨论需要得到证明和验证：

你为什么选择这个领域？

你在何时何地选择的？尽可能精确地描述任何模糊或硬边界的情况，以及产生这些情况的原因。

从这个语境中可以学到什么可以应用到其他地方？

哪些替代定义被拒绝了，为什么？

下图 从巴黎、多特蒙德到东京的各种百货公司都是这种类型的例子

将这种语境研究适用于其他情况是特别重要的；否则研究可能会被指责为自我参照，纯粹学术。选择领域是这里的关键决定之一，为了确保选择有足够有力的理由，需要更多的挖掘。

类型：评估这个地点首先给你什么类型，作为你感兴趣的特定情况的典型。是什么使这个地点成为一个范例？这说明了可以从这个地点转移到另一个地点。

上图　蒙特利尔的圣凯瑟琳大街（Rue Saint—Catherine），它通常作为繁忙道路的目的被封闭，变成了公共展览和展示场所

上图　德国魏玛广场上的一家快闪餐厅

独特性：其次，考虑一下最初吸引你到这个地点的是什么。第一次接触这个地方是什么？如何在更广阔的环境中找到这个特定的地点？是什么让这个市场，这个码头，这些小巷如此重要和独特？

可访问性：考虑场地的可访问性是实用的。需要特别许可才能进入感兴趣的地方吗？这带来了什么挑战？这个地点是季节性的，还是在一年中的某个时候可以更好地观察？它是在一年中不同的月份需要多次访问，还是在短时间内发生，比如世博会或奥运会？

信息提供者：是否可以联系住在或工作在该地区的居民或其他人以提供进一步的信息？是否可以提前联系的居民协会或其他当地团体？

右上图和右下图　东京一年一度的"三宝节"（Sanja Matsuri）

合作者：这些人与信息提供者类似，但更有可能是来自不同领域的本地学者和研究人员；也可以接触来自不同学科的人，他们有不同的观点和实践。

准备实地考察

从方法上讲，有许多方法可以进行实地考察。这里重要的是与该地区的直接接触，花时间去实地考察将避免二手观察，或者更糟的是先入之见和陈词滥调。实际的方法在第二部分中通过案例研究来呈现。这里的目的是考虑让田野调查独一无二，以及与该地点的不同参与形式。

参观一个地点需要在旅行前做好准备：收集关于社会、政治和历史背景的信息是一项有价值的工作，就像了解电影、文学和美术中的文化景观一样。将这些与仔细检查地图或获取建筑现场信息以及任何重要的当代和历史建筑师结合起来，都是为选择领域做好准备。

即使是你自己国家的城市在这些条目上也会有所不同。例如，在英国，伦敦、格拉斯哥、爱丁堡、曼彻斯特、利物浦、卡迪夫、贝尔法斯特、伯明翰和纽卡斯尔从联排别墅到挑屋和公寓都有自己的建筑文化——不同形式的住宅与它们的社会历史，每个城市发展的关键时期，相对于山、河、海岸线等地理特征的位置有关。无论在做什么实地调查，重要的是在前往之前让自己了解这些信息，以便你能更好地充分利用可能是重大资源投资的内容。

进一步的研究包括阅读与该领域相关的报纸，让自己了解当地的当前政治，以及哪些发展可能会引起争议或对其公民很重要。如果要访问海外地点，调查当地的建筑出版社将很有帮助，因为这将有助于立即与该地点接触，并提供一些参观地点和交谈对象的想法。

田野笔记和速写本用于文本记录

记录在田野调查活动中是至关重要的，其中一个主要的活动就是仔细记录在田野的活动。传统的人类学实践包括田野笔记，这是一种类似记日记的日常活动。这个常规的活动范围可以从简单地陈述活动时间和地点到即时理论化，绘画以图形方式帮助探索和理解语境，以及你与你熟悉的其他领域的一些对应关系。

对建筑学来说更熟悉的并行活动是速写本。这是一门重要的专业，图纸可以包括所有建筑惯例：平面、剖面和立面的正投影；平行投影（例如轴测和等距投影）；透视素描、质地研究和画像。每一种都有一套不同的信息，而且就其本身而言都是有价值的——但作为一组相互印证和放大的图画更是如此。速写可以现场进行，也可以根据记忆或者照片。没有一种方法凌驾于另一种方法之上的等级制度；更重要的是理解每种方法的优缺点（绘画将在第 14 章中详细讨论）。

你的田野笔记和速写本本质上是高度个人化的，必须经过提炼才能与当前研究小组之外的读者交流。这可能意味着重写或重新绘制，但是笔记对于研究来说，仍然是非常有用的初稿和后续反复使用的资源。强大之处在于笔记本的即时性。它是便携式的，需要钢笔、铅笔、尺子和胶带等最简单的技术，而且也是灵活的——可以粘贴元素，可以使用多种媒体，并且可以无缝地从绘图到书写再到拼贴来回切换。

收集物质文化，尤其是纸质材料，可能会有所帮助。报纸也是有用的，但是地区指南、旅游文件和其他传单都有助于处理你所观察到的内容。注意不要只看这些信息的表面价值，因为它们往往带有既得利益或偏见，但这些短暂的信息可以帮助在实地考察时作为思考工具，也可以作为事后的纪念品。

成功使用这些活动的关键是组织。确保所有东西都标明日期和地点。当时你可能会认为你会记得，但你应该期望在旅行后的一段时间内使用田野调查数据，如果你不保存记录，一些更精细的细节可能会被你忽略。

摄影、视频、音频用于媒体记录

摄影、视频和音频是极有价值的研究工具，但使用它们时必须小心谨慎。要时刻记住对人们想要被拍照和记录的愿望保持敏感：有些人可以接受这样做，但有些人无论出于什么原因，都不希望被捕捉。让自己了解所在机构的道德准则，并让语境来指导。人们通常愿意在公共场所被拍照，只要动作快，不打扰别人。对于某些类型的照片，比如近照，或者私人建筑内部的照片，需要得到许可，而且必须尊重这一点，以保持研究在道德上健全。

传统模式下的建筑摄影让自己受到许多批评，大多与呈现的完美图像有关，没有任何人类活动的痕迹。这只是故事的一部分，但是花点时间学习相机的性能会给田野工作带来很大的好处。如果从学术机构或建筑事务所借相机，先花时间在家里测试一下。实际问题比如电池的预期续航时间，以及不同镜头的技术细节，都值得去熟悉。你将希望能够对所处的环境做出反应。有时需要快速拍摄的能力；有时需要慢慢拍摄得到完美构图的建筑物或背景照片。

记住基本的装备——尽管不是所有的场地都适合三脚架，但它可以为拍摄创造奇迹。能够将光圈开大（由较低的 f 数表示，例如 f1.8）可以在具有挑战性的光线条件下拍摄更清晰、更锐利的照片，同时也提供浅景深。这可能很有吸引力，因为焦点可以用来选择感兴趣的视野部分，但研究拍摄的目的通常是尽可能多地捕捉，所以较小的光圈可能更好。

还要注意灯光条件和拍摄位置。如果想拍很多近距离的街景，广角镜头会很有帮助。镜头的焦距以毫米为单位测量，镜头的焦距越小，角度就越宽，一次拍摄的场景就越多（相对于"正常"镜头——通常在 35 毫米摄影中，50 毫米的镜头被认为是正常镜头，一种由传感器的大小产生的基线。随着数码摄影中不同标准的激增，如今的相机倾向于列出 35mm 的等价物）。应该避免广角镜头扭曲，除非对这类摄影有特别的创造性要求。

变焦镜头为远距离拍摄提供了更多的机会，并且在建筑摄影的某些方面有助于选择细节。这样的镜头可能是象征性地保持距离（以及实

上图 实地考察中的摄影器材包括高质量的数码相机，具有录像功能，可选择变焦、微距和广角镜头，备用电池，清洁器材及手提电话等。三脚架在某些拍摄中也是必不可少的，比如夜间拍摄

际上在摄影师和他们的拍摄对象之间产生这种距离），所以也应该谨慎使用。

有些相机会提供广角固定镜头，从广角拍摄到变焦拍摄。这类相机虽然实用而且通常更便宜，但其成像质量可能不如小型机或单反相机。在这种情况下，需要考虑的是照片的用途：如果打算展示或发布这些图片，那么质量很重要并且需要注意。否则，一个相对便宜的相机（甚至是手机相机）在会使用的人手中可以产生非常好的效果。

视频在记录田野调查工作时也非常有用。然而视频用于进一步研究成果的可用性是有限的，所以请记住摄影更适合最传统的传播方式，如演讲或书面论文。视频可以让你捕捉场景展开时的氛围——人们使用场所的方式。视频加剧了摄影的困难，因为这是一种经常在观察者和被观察者之间产生对立的技术。人们在镜头前也会紧张——摄像机比静态照片更让人紧张。

另外，熟悉设备是很重要的，这样就可以快速地对环境做出反应。充分利用你的田野调查录音更多地取决于你使用设备的能力，而不是它可以捕捉的质量。在家里练习田野调查方法，回顾录像并仔细思考它给研究带来什么。

照相机的对焦、取景和移动都是需要考虑的重要因素。批判性地观看纪录影片，看看不同类型的镜头是如何使用的，并自己进行测试。在实地拍摄的镜头中常见失败是过于复杂化的趋势。很简单地把相机放在三脚架上，然后让它运行，只要把它对准相关的方向，就可以得到好的效果。

如果你希望将素材用作研究传播和输出的一部分，则需要对其进行编辑。这个过程可以告诉你在实地拍摄的镜头，因为观看超过 30 到 210 秒的电影场景通常会让人不舒服——除非你是顶级艺术导演，或者用连续不断发生和发展的事件充分抓住人们的注意力。拍摄比你需要更多的镜头，因为这可以让你在编辑时具有灵活性，并记住在进入研究核心之前拍摄一些有助于理解背景的镜头。

第三种记录媒介是声音。参考前面对视频的说明，也可以从图像分离，以产生声景记录。在录制录音时要记住一些基本的事情。其中大部分是由于麦克风对人耳的反应不同：它们只是随意地拾取声音，而我们的听觉体验中有几个过滤器和控制系统，让我们下意识地注意到最重要

的声音。对于外部录音，确保有一个挡风板或防风罩盖住麦克风，否则即使是最轻微的风，你也会听到令人分心的嗖飕噪声。另一个技术问题是检查录音的水平，以确保它不会因特别高的声音而达到峰值。请查阅录音机手册了解如何操作，因为这将为你提供更清晰和更有用的录音。显然，录音机对于采访和环境记录都很有用，而且专用录音机通常比移动电话应用程序要好。然而在短时间内或在紧急情况下，电话是很好的备份。

对于环境录音，请注意自己的着装：吱吱作响的鞋子、嗖嗖作响的外套或者噼啪作响的手镯，都会被麦克风捕捉到，相当明显地表明你的存在。如果这不是你的意图（这种情况很少发生），那么注意你所制造的噪声量。

以类似于视频的方式考虑录音。你采取静止的姿势还是移动的？你会追随一个主题还是让世界从你身边掠过？最后，在录音时，请仔细考

上图 田野调查的音频装备，包括数码录音机、防风器、遥控器、备用电池、耳机，替代专业麦克风，如双耳麦克风以及可保持稳定的三脚架

虑希望使用的音频设备。固态数字录音机现在很常见，因为没有内置的录音机设备。与大多数视频和静态相机相比，这是一个优势，因为大多数视频和静态相机的设备在运行时可能会产生相当多的噪声。麦克风非常重要，和相机镜头一样，有各种不同的类型来处理不同的任务。电容麦克风和全向麦克风是最普遍的，并且往往在一个机器里有多个麦克风头。这赋予了它们在大多数情况下是有用的灵活性。电容是更有针对性的麦克风，而全向麦克风则可以拾取更广泛的声音。为了捕捉远处的声音，在特殊情况下可能需要枪式麦克风；像耳机一样戴在耳朵里的双耳麦克风，当通过耳机播放时，可以捕捉到一定准确度的环境录音。

如果你将录音机与视频录制结合使用以提高质量，请记住要制作一个配准声音，比如拍手声，以便同步音轨。此外，如果你正在录制室内并打算编辑剪辑（例如在展览或电影中使用采访），录制该场所的氛围片段以代替绝对沉默；聆听时可以捕捉到微妙的线索，使人为的沉默脱颖而出。

分析实地考察

实地考察似乎主要是在场地进行的，但这只是其中的一部分：花在实地研究上的大部分时间通常是事后，对于田野笔记、速写本、绘图、照片和录音的工作处理。

如上所述，编辑是一个使任何材料为外部观众消化的重要过程，但更重要的，它是一个帮助理解意义排序和结构的过程。有时候编辑的重点是早在你想把它呈现给观众之前找到潜在的故事情节。

实地考察只是故事的一部分，需要根据出现的理论问题进行深入分析。像对待文献综述中的文本一样对待这些数据：给予它平等的地位，已经花了时间为自己收集这些数据，所以可以认为它是可靠和一致的。这并不意味着可以从叙述中做出无限的推断。通过你的观察方法，它在那个地点和时间是可靠的。正是对你的方法的描述使你的观察更加可信和严谨。

用小片段来构建更大的想法：一些事件会包含空间的大部分复杂性，从实地调查回来后的第一项任务应该是对这些关键事件进行详尽的书面描述。这应该基于实地记录和其他证据，但实地工作的重点是为你提供描述性的材料。根据对语境的兴趣，你可以用不同的方式来理解它，或者如果从另一个方向来理解它应该提出足够的问题来为阅读提出正确的方向。

分析是从大量数据中理解并提取相关信息的过程。虽然这可能是绝对的方式，但是审视短小的片段是一种很好的方式，可以把画面变成引人入胜的、有用的叙述。作为一名研究人员，可以让这些观察为你工作，从而产生一些更多的想法和自己的理论，所有这些都基于在实地观察到的事实。

第6章
进行访谈和交流

访谈是从参与建筑项目的广泛人群，从建筑师到客户和用户群体中，获取研究信息的一个重要途径。

访谈技巧有几种形式。有些访谈是提前准备的问题，以便在一定范围内引出对方的回答；而有些访谈为了让对话更自然，而更开放一些。焦点小组会议提供了一种有效的方式，向不同的研究参与者和同伴小组提出研究问题和发现。

进行访谈需要注意研究伦理。必须仔细考虑任何话语中所固有的权力关系，以确保公平的方式进行研究，而不危及受访者的立场。这可能意味着匿名采访，保留任何敏感数据，并注意传播。本章将带你了解这些问题，讨论如何解决它们，以及如何准备一份研究计划以供伦理委员会审议。

以其他方式进行沟通（例如通过电话访谈或通信）需要专业的语气、清晰的沟通技巧和诚实的意图陈述。与他人的这种有组织和无组织的接触，可能是最难协商的研究形式，特别是当给出的回答可能会带来困难时。

现代替代方案允许创新形式的众包（集体创作）信息。本章将社交媒体（如 Twitter、Facebook、LinkedIn 和在线调查平台）的使用作为访谈过程中不可分割的一部分，并受到许多相同的道德问题的约束。

访谈分析对于将数据转化成研究是必不可少的，有几种方法可以做到这一点。例如，受访者个人是所审查项目的主要利益相关者，如果主要是根据意见提供信息的话，那么他们对设计或过程的描述是非常有价值的。这需要以不同于从大量问卷中得出数据的方式来处理，其中可能需要确定关键的术语，或使用各种汇集意见以得出结论的方法。本章将建议如何构建问卷和访谈，以帮助研究者从这些活动中获得最大的收益。

应该访谈谁？

确保所选择的研究项目访谈了正确的人是很重要的。并不一定要采访首席建筑师或设计师，而是尽可能包括建筑用户、客户、地方建筑当局或规划官员。不同对象都需要采用不同的访谈方法，并且必须根据他们的能力来回答你的问题。

每个人都可以为想要了解的项目贡献一些独特的内容。例如，设计师可以讲述方案建立的过程、产生形式的因素、客户和环境的关系，以及考虑这一过程的理论基础。建筑师会像其他个体群体一样各不相同，所以值得记住的是他们会倾向于以尽可能积极的方式呈现他们的作品：每个团体、每个人都会在他们提供的描述中获得既得利益。这种偏见本身并没有问题；当在你的文章、论文或其他传播材料中呈现访谈内容时，你必须充分意识到这只是一个因素。

评估受访者的候选资格是很重要的。有一些方面是建筑师无法触及的，例如：这可能是其他专业人士（如工程师或项目经理）的领域，也可能是只有长期用户才能透露的内容，所以一定要咨询最有用的人。采访对象的可用性也很重要。一栋重要的建筑可能是由一个已经不在人世的人设计的，在这种情况下对他们的搭档甚至学生的访谈可能会了解到他们的某些性格。

专业用户（如前台工作人员、保安人员和维修人员）都对建筑的使用寿命做出了独特的贡献。专家或专业人士的回答可能更详细，但非专业人士的回答目的不同：它让你了解建筑师设计空间的日常功能。因此，认识到用户在日常生活和职业方面的专业知识是很重要的，即使他们对建筑的了解程度可能不那么清楚。需要仔细探得这类数据，这样受访者才能把他们自己认为相对无关紧要的日常生活细节包括进来。

你还必须考虑要采访多少人。总的来说，这个决定需要根据所进行的研究类型来决定。例如，对用户群体和其他非专家群体的调查可能依赖较大的样本，以便以某种方式收集可以聚合的结果：更大的趋势只有在包含数十或数百个回答的样本量中才会可靠地出现。

网络和许可

与受访者接触可能会有障碍，特别是因为这会对日常生活造成不便和干扰。可以通过个人联系和网络安排一些个人和较少群体的采访，但这取决于有效联系的能力：这对于一个学生或者职业早期的研究者来说是不利的。地方和国家级的正式和非正式协会的成员资格可以提供极大帮助。这些组织包括特定城市或地区的建筑师协会，以及与特定主题相关如可持续设计、建筑历史或城市设计的组织。

说明你是某所大学某个系或建筑办公室的研究员职位的官方信件，可以让人明确你的意图。重要的是当写信给那些能够接触到大量受访者的负责人时，你必须证实你的研究，并且清楚研究意图和过程。人们需要知道你不是在浪费他们的时间，你的隶属单位会让他们安心。其次，你必须概述你的研究，并解释为什么想采访来自他们特定组织的人。介绍信应该提供负责你工作讲师或主管经理的详细联系方式，以及一些关于采访类型、匿名程度、每次访谈需要多长时间的详细信息。提供这些细节对你的潜在采访者来说是公平的，让他们对是否参加访谈做出知情的决定。

始终记住，你是在要求人们自愿贡献他们的时间和专业知识，所以你应该相应地采取行动，把这些信息视为有价值的信息——并且仍然是受访者的财产。

测试

在进行任何形式的访谈时，准备工作都是很重要的，最好对访谈方法和问题进行测试。这是精心准备过程的一部分，可以从采访者身上得到最大的好处。准备得越充分，从采访中得到的相关信息就越多。一种准备方法是向朋友和同事寻求帮助，和他们一起测试问卷，以便找出哪些问题最有效，哪些问题可能与其他问题重叠，并从值得信任的同事那里得到诚实的反馈。诚实是至关重要的：有人只是安慰你说一切都很完美，这是没有帮助的。在这个阶段你需要重要的信息，以这种方式进行测试有助于通过突出显示任何冗余问题，并确定可能需要详细说明的其他问题来改进你的方法。

访谈类型

访谈可以有很多不同的形式，你也可以问不同类型的问题。

非结构化访谈和自由流畅对话

自由流畅的对话模式是许多面对面访谈的基础，也适用于电话和网络电话 VoIP（如 Skype）对话。这样的自由可以让受访者详细阐述他们感兴趣的话题，并在一些不相干的话题上展开对话。然而，这样的谈话必须从某个地方开始，所以采访者必须先提出一个问题，从而引发一场长时间的讨论。采访者还必须对话题了如指掌：这类讨论可能采取多种方式，而采访者必须能够做出相应的回应。将一些问题记在心里或写下来让信息提供者来回答是一种很好的做法。这些问题可以以任何顺序被回答，但它们可以用来重定向已经偏离主题太久的对话。你也应该时刻注意被采访者预计与你交谈的时间。无论最热情的被采访者多么希望谈些离题的话题，你都必须确保采访尽可能地谈些与你的需求相关的话题，而不限制谈话的自由进行。从一开始就预先说明你的主题，这有助于做到这一点。

结构化基于问卷的访谈

结构化访谈非常适合大型群组，需要从各种相互可比的描述中寻找趋势。这种对大量数据的整理可以揭示不那么具体、更普遍的情况，这是一个重要而有用的品质。为如此大规模的访谈过程所做的准备，与为少数自由流畅的谈话所做的准备有本质上的不同。首先，每个被采访者的问题都必须是一样的，这可能会给实际采访带来更多虚假的气氛。其次，你可以构建一份问卷，让研究人员以纯书面的方式进行访谈。这可以帮助你自动做出回答，允许更多的受访者，但这也会减少你对整个过程的控制。在大型研究中,评估个人访谈的选择较少,但这通常不是重点。如果需要更多精细的或叙述性的数据,那么确保结构化访谈以少量更自由的访谈作为补充是很重要的。

越来越多的人倾向于通过网络获取被采访者的信息,使用一系列工具和方法来收集回应。诸如 SurveyMonkey、FormSite 或 QuestionPro 等服务,或者 Moodle 和 Blackboard 等流行的学术平台,都可以免费使用(通常问题数量有限),而注册其他系统只需花费很少的费用,即使是最有限的研究预算也需要考虑到这一点。这里的关键是找到合适的方式。

通过 Facebook 或 Twitter 等社交媒体宣传你的调查是很好的开始,也可以通过浏览你自己的联系人列表并寻求帮助来进一步发布调查结果。但是,你需要高质量的数据,因此仔细地确定活动目标是很重要的。除非他们在该领域有经验,否则让家庭成员参与关于建筑的详细调查是没有意义的。

焦点小组

焦点小组是访谈的一种变体,它允许一组参与者同时回答问题。这是询问与筛选、物理对象或一系列图像相关的一系列问题的好方法,其中材料和物品的展示对收集的数据至关重要。

焦点小组的主要问题是也是它们的主要好处——成员可能会接受一种小组思维,并受到彼此的影响。这种共识并不一定是坏事,但如果小组中有一个特别有说服力的成员,它可能会影响结果。一项精心安排的议程可以帮助缓解这种情况。通过有序地规划研究,采访者可以保持对情况的控制,并能更好地确保提供有用的数据。

简介:概述研究项目及目的。告诉人们期望从采访中得到什么,采访将持续多久,匿名化程度,并解释如何使用和发布数据。请参与者在此阶段签署授权协议书。

演示:展示正在讨论的主题。这可能是一个产品,一组图画,一部短片或音频剪辑。参与者可以通过书面回答的方式提供他们的反馈,使用问卷来引出回应。在这个阶段尽量不要讨论。

讨论:单独的讨论允许焦点小组在数据收集方面提供两全其美的机会。这可以像一对一的采访一样被记录和转录。

离开面谈和基于活动的工作

有些情况需要离开面谈——例如，如果你为没有受过建筑培训的人举办了绘图或模型制作的工作坊。你可能想知道他们从这个过程中学到了什么，他们在开始工作坊时的期望是什么，以及在他们完成这个过程后有什么让他们感到惊讶。这可以使用上面的任何技术来实现，但是需要一组不同的、结构化的问题，以确保活动的具体细节。

顾名思义，离开面谈是在活动结束后进行的，而且应该在活动主持人不在场的情况下进行。这一点很重要，因为一些受访者可能会觉得在与工作坊有重大利害关系的人面前发言不那么自由（即使他们不发言）。如果不小心，采访会被曲解。当你明确领导了一个实际的工作坊时，像在场这样简单的事情可能会导致意想不到的后果：你可能会参与到关于特定点的讨论，或者你的存在可能会阻止负面反馈。

非语言的采访技巧

到目前为止，采访都是以口头交流的形式呈现的，但这并不是必须的，尤其是在建筑研究方面。创新的建筑访谈可以包括绘画和模型制作作为主要参与模式。最著名的例子是凯文·林奇（Kevin Lynch）在他的开创性研究《城市意象》(*The Image of City*)中使用的心理映射技术，研究中城市居民被要求绘制他们所居住城市的地图。可以使用现有的图纸作为起点，或者要求受访者使用特定的惯例或技术（例如 CAD 软件）绘制图纸。

非语言的采访通常都有语言成分的支持：仅仅一种形式的询问很少能告诉你需要知道的一切。

建筑师通常都是视觉思考者。在采访建筑师时，他们通常会用图纸来展示想法。为了讨论建筑某个方面的细节时，准备一些纸张是好的。这带来了一些关于记录的问题，因为不仅需要考虑如何记录最终产生的图纸（通常是协作），还需要考虑如何记录绘制的过程。数码摄影或录像是一种很好方法。摄影是无处不在的，它能让你对采访是如何有条不紊地进行的作出反应，而视频则需要一点设置，而且尽管在做相反的努力，但通常能让采访对象保持距离。如果访谈主题是视觉化的（比如在地图、平面图上的绘制），那么就值得考虑在纸上放一个三脚架和摄像机，以记录标记的方式和顺序制作。

你的问题

采访问题的措辞对于确定你将得到的答案是至关重要的，这个过程需要由受访者告知。是否与专业人士、社区团体、学生或其他人交谈？一些技术性和理论性的语言会帮助你准确有效地沟通吗？还是只会疏远受访者？

问题可以引导访谈，并且强烈地影响结果。这会损害你的研究，并把你的假设转移到过程中。尽量避免让受访者的回答范围过于狭窄的两极化问题，特别是在自由流畅的访谈中。它有时使用错误的二分法，如果使用这样的两极问题，试着确保这些是基于人口统计中已知的和预期的两极。

偏好问题在这方面也存在问题，因为它们经常在一种环境和另一种环境之间建立错误的选择，或者只会强化受访者的假设。

对于自由流畅的访谈，在准备问题时，写一到两个补充问题是很有帮助的，这有助于从受访者那里获得更多信息。一些受访者不愿意谈论或自我编辑他们认为不言而喻的事情。你想知道这些答案，不论你或受访者认为它们多么平凡。这种不情愿通常可以通过用更详细的问题重新表述或补充你最初的问题来克服。简单地要求详细说明是对抗性的，并且与访谈的目的背道而驰，除非你是一个非常有技巧的访谈者，所以准备一些更细致的问题来帮助深入挖掘，最后可能会要求提供例子以打开对话。

一般性、开放：你是怎么看待现代建筑？

这类问题可以提供一个好的开场白，但你可能会发现自己的回答范围太广。你是否定义了用来提问的术语了吗？

引导性：现代主义是 20 世纪建筑的必然产物吗？

这是一个引导性或两极分化的问题，但如果问一个你认识的人对这个问题持敌对态度，这可能会很有用。你问的是这种风格和那个时期的建筑是否有可取之处。

挑衅：历史学家认为现代主义为建筑提供了新的选择。你认为这是一个积极的影响吗？

可以让自己与某个观点保持距离，但仍然要求对方对其做出回应。

这可能来自著名的建筑师或历史学家，但关键是这个观点被认为是另一个人的观点。

故意持相反意见的人：你能想出一个英国现代主义的积极例子吗？

当你知道受访者对主题反感时特别有用：可以稍微扭转局势，并要求举一个积极的例子。问例子对于补充问题来说是一个好策略，但是这类问题直接挑战了被采访者，并且实际上可能会强化他们的态度。如果他们对这个问题的回答是"不"，那就没有办法了，除非随后能给出你自己的例子。

录音和转录

文档对所有的研究都很重要，访谈也不例外。每种类型的采访都有自己的要求，但你需要确保记录下采访过程中的每一步。如果采访是书面的或在线的，那么需要收集所有这些信息：如果有图纸、地图的，必须整理扫描或拍照；如果采访纯粹是对话，那么需要保留音频或视频记录。

这些都带来了组织上的挑战，也需要以某种方式进行处理。访谈的音频必须进行转录，虽然有一些软件可以帮助进行转录，但这通常是一个非常辛苦的过程，需要把采访中的内容逐一输入。

预计要花很多时间转录采访，有时每 10 分钟的口头发言就要花上 1 个小时。你的职责是通过最少的编辑就可以对对话进行准确的书面表述，但要快速纠正任何明显的错误。通过引用访谈主题和日期，你可以将这些采访用作摘录，就像从书中引用一样。将完整的转录稿作为论文的附录是很好的做法，但由于字数限制或访谈者的偏好，这可能不总是可行或允许的。

当存储材料的时候，确保在文件名和文件夹中注明日期，以便将来能找到这些资料。如果访谈内容足够开放、范围足够广，那么访谈将是宝贵资源，对未来的研究项目可能会有帮助。所以，不要简单地将访谈作为当前项目的资源，而要着眼于其未来的用处，对你自己、甚至对其他研究人员。

文件命名

将文件收集到文件夹中。有一个清晰的文件夹层次结构，课程名称或项目名称在顶部，然后是区分的数据和工作文档的子文件夹。其中一个子文件夹应该收集访谈，包含音频文件在一个文件夹，转录在另一个文件夹。如果编辑音频是为了提高质量，记得保留一份原件。

>研究指南
　>采访
　　>转录
　　>录音
　　　>原始文件
　　　>编辑文件

文件名应该包括采访者的姓名和日期。由于某些标点符号的使用在数字文件检索中有特定的作用，明智的做法是在日期和下划线中使用短破折号而不是空格。

比如：Lucas_Ray_20150206.wav

这里信息的顺序可能看起来有点违反直觉，因为它是以YYYYMMDD（年、月、日）的顺序显示的，而姓氏放在名的前面。如果始终如一地使用，这样的习惯可以在以后更有效地进行搜索。

分析访谈

最后一个任务是分析你的访谈内容。这可以参考理论框架，通过软件实现自动化，或者简单地仔细阅读。对于大样本的访谈数据，第一步是将所有的访谈作为一个集合，评估从所掌握的信息中可以识别出什么样的趋势。问卷的数据可以输入到电子表格软件中，以产生更大的样本规模的统计数据。在这种情况下，数据可能是不同的，或者显示不同的趋势。同样，专有软件（如 NVivo）可以用于详细的定性分析访谈。这种分析帮助生成频率分析，生成各种视觉表示，包括在各种上下文中描述关键字的词云、颜色编码和树形可视化。

更详细的个人访谈需要仔细阅读——和批判性阅读（类似于文献综述）——作为一种方法。这比上面的统计数据更加定性，但可以提供更丰富但不那么绝对的信息。从这些采访中无法确定趋势，但这通常并不重要：例如，受访者是关键的实践参与者，而你只是询问他们的工作实践。

每个访谈过程都需要为研究提供一些数据，所以回到访谈问题和研究问题上来。从数据中提取具有挑战性的主要趋势或引文，支持在所研究问题上的立场，并讨论这些数据对研究主题的启示。

第7章
整理成文

传统上，写作被认为是进行研究的基本要素，无论写作采取何种形式，它都是不可否认的重要。对于任何形式的写作，论证的结构都是至关重要的。

从读者的角度来看写作也很重要，因为很容易对写作做出假设，或者按照发现的顺序而不是适当的顺序呈现信息来解释。这一章提供了一些实用的方法，来确保结构是合理的，叙述是清晰的，目标是有序地呈现。

如果你要参与辩论、分享你的想法并确保你研究结果的可靠性，那么传播你的研究是必要的。好的研究是有观众的，与观众的互动可以帮助进一步发展研究，或者建议应用和后续工作。读者可能包括专业人士、学者、客户或利益相关者，本章将介绍他们的需求和兴趣，以及通过口头陈述、展览和各种出版物传播研究成果的方式。

出版的主要形式也将被讨论，包括期刊出版和会议演示，并提供逐步指导研究，调整内容以符合受众的期望，并确保你的研究为你做尽可能多的工作。本章最后总结了一些不同的脚注和参考文献的引用惯例。

熟悉受众

你的写作将始终考虑到假定的读者，而且在这一章中会出现几次，你有责任确保你的作品是易读的。这并不意味着你的作品简单，而是适合读者：所以要注意不同程度的技术语言和写作风格适合不同的读者和研究目的。

这在很大程度上与写作的措辞有关。例如，在学术措辞中最好避免使用口语化的语言和其他类似的错误，因为它们会对话语的权威性产生不利影响。

如果你的论文是为了大学评估，那么最好的帮助来源是作业本身。这通常会提供有关对你作品的期望以及如何对其评估的信息。一般来说，一篇文章需要以一种强调调查的学术严谨性的方式来提供信息。为此，请你保持文章中的信息与研究问题的主题紧密相关。人们很容易跑题、离题或提供无关的信息。

任何打断写作过程的值得注意的信息都应该作为脚注或尾注。学术写作中的这种机制允许提供进一步的参考文献——术语的定义，一些更广泛含义的指示，或对你所提出观点更深层次解释，所有这些都不会打断另一个观点或想法。可以把脚注看作简短的旁白，它可以证明对总体主题的掌握程度，但又不会影响文章的重点。

对于其他类型读者来说，所有这些都显得枯燥无味，因为他们对需要证明自己的观点或验证研究的价值不感兴趣。这并不是说不要求严谨，只是博客文章、杂志文章或专业期刊的读者对学术期刊、书籍或大学论文的读者会有不同的期望。

这些不那么正式的交流方式有更友好的语气，并给出比学术写作更多的意见。这并不是说允许人们提出笼统的主张、毫无根据的观点或无法证实的事实。只是在这种情况下，读者不需要像学者那样了解论点的知识背景。值得再次查阅第3章提供的资料列表，但从写作角度来看：

本科论文：一些本科论文用来测试学到的知识，确保从研讨会或系列讲座中学到的知识。现在这种情况已经不太常见了，因为教学思维趋向于建立研究技能，而不是测试回忆，所以论文可能与课堂上的内容有更间接的关系，要求进行一些原创的研究。论文里的措辞是否正确是至关重要的。避免轻率地使用语言是重要的，因为这可能会削弱作为作者的权威。有时候说话的方式和说话的内容一样重要。

研究生论文：在研究生的论文中，如硕士学位论文，对原创研究有更严格的要求。在本科阶段你可以运用现有知识，那么在这个更高的阶段开始做出一些新颖或独特的贡献是很重要的，你的论文可以重要到放在大学图书馆永久收藏，并提供给其他人参考和引用。

博士论文：博士论文是大学学位的最高层次，它的要求是对知识做出独特和新颖的贡献。博士论文的基调是严格的学术性，不允许戏谑、个性或断言。这必须是一项严格的工作，因为它是由两个考官进行非常详细的评估。

报告：一份报告有更多的原始数据空间，其中大部分分析已经完成，但对这些信息的最终解释是为其他人准备的。报告内容多，论据少，目的是让人根据现有数据最清晰表述来做出决策。在这种情况下，引言可以被概要取代，概要的作用有点像结论，但放在报告的开头，作为对其中信息的速记指南。报告通常使其他人能够做出决定，并且可以作为有说服力的文件，但更多时候是中立的。

同行评议期刊：为同行评议的期刊写作需要遵守规则，因为每一种出版物都规定了写作风格。核对他们提交的要求，确保符合这些要求。这些要求有时非常具体，必须遵守。这是最苛刻的学术写作形式之一，必须有基于原创研究和大量文献强有力的论点。所有这些都必须在论文中得到证明，以使其他学者能够找到使用过的每一个资源。你的读者可能是更广泛的学科分支领域的专家，因此使用专业语言或假定背景知识就更容易。

编辑合集：与同行评议的期刊相比，编辑合集在风格更轻，但你的编辑将是最终的仲裁者。出版商必须批准并送书进行审查，因此论证必须是强有力的，同时也要符合合集的整体概念。在这样的合集中独来独往是不好的：你的文章必须与书中的其他章节和总体叙述很好地互动。

学术专著：与同行评议期刊相似，你对学术专著的格式有更多的控制权，特别是如果你和编辑有良好的工作关系的话。编辑是出版商的联络人，能够在出版商提供的风格指南之外，就写作风格向你提出建议。学术专著在每一个阶段都要经过同行评议，所以确保论文保持权威的语气，同时让所在领域的非专业人士也能读到，这一点很重要。

建筑专著：建筑专著是一种奇特的出版形式，它需要关注相关建筑师的背景，并准确描述他们的作品。一旦这项工作完成，就可以开始考虑他们全部作品的意义和启示了，但在这里，我们不应该对他们的作品进行完全理论化或批判性的解读，而应该对其进行睿智而热情的颂扬。

目录：展览目录有更广泛的受众，在设计时应考虑到非专业人士。读者的兴趣是可以指望的，但需要花更多的时间来解释出现的关键想法，并将注意力集中在作品的意义和意图上，尽可能清楚地解释要传达的信息。

专业建筑出版社：在与专业人士的交谈中，会发现建筑师对历史理论很感兴趣，但通常是从历史理论如何帮助他们设计和思考他们自己作品的角度。当给出建筑的描述时，可能会更强调建造建筑的物质性和过程，但也有更大的批评空间。专业出版社里最好的文章提供了探索的途径，并且充满了各种可能性，而不会以绝对的、自私的、有争议的结论结束。

学术与实验建筑出版社：在这个范围出版物带来了更充分的自由，以至于缺乏隐含规则本身就会成为问题。查阅出版物的早期版本并与编辑讨论想法，这通常是测试想法和最充分利用建筑学科的自由的好地方。

建筑公司网站：你可能会被要求为建筑实践的网站做出贡献。这里的语气是由公司的合伙人决定的，并需要表达实践立场声明、议程或宣言。这可能很难单独判断，因此需要一些明确的参数，并定期与同事核对，以确保你没有歪曲公司。

个人博客和网站贡献：个人博客和对更成熟网站的贡献可以在书写和视觉材料的表达上自由发挥。这可能采取立场或争论的形式，仅表达你的观点；访谈只需要最基本的介绍材料就可以完整的呈现出来，各种实验性的话语形式也都可以被呈现出来。主要的限制是专注于这些网络资源的注意力跨度，往往比已发表的文本短得多：在网上发表意见时，简洁是很重要的。

构建好文本是对读者的责任

大多数形式的学术写作都遵循引言、正文和结论这一个结构。每一章和每一章的每一节都应该遵循类似的模式。这可能感觉是重复的，但它有助于读者理解论点。你的职责是让读作品的读者可以毫不费力地理解论点。

引言必须包括接下来章节的探究条件、使用的术语、提出的问题以及语境。在这之后，无论主题是什么，正文就代表了本章的主体。结论可以总结主要观点，或者实际上开始得出一些临时结论。这些临时结论可以从一章延伸到另一章，形成文章的主要结论。

不同的章节在你的书面作品中也会有不同的角色。其中一些是必要的；其他是可选的，这取决于你的主题。一些文章和论文需要多个章节或不同的章节类型。

引言

尽管看起来是不言自明的，但正确写好引言章节是很重要的。即使是最简短的文章也需要引言，因为你必须假设读者对文章有新鲜感。你可能会假设有一定程度的学科知识——例如为建筑师或具有类似教育专业知识的人写文章——但是主题本身需要一些解释。

通常，引言应该详细讨论研究问题，展开并解释研究问题的一些含义。引言还需要讨论你工作的环境，无论是物理位置、特定建筑师事务所的工作还是历史时期。作为这个过程的一部分，引言应该讨论一些关键术语。这甚至可以对最日常的词汇形成独特的定位。

如果字数限制允许的话，引言的最后一项任务就是总结接下来的章节。合集里的引言是非常有用的，其中的文章是由许多不同的作者贡献。

文献综述

文献综述为写作建立了知识语境。有些作者会把这些内容贯穿几章，在需要的时候附上参考文献。在写作开始时进行综合文献综述的好处是，如果这些文章被讨论得足够早的话，可以在写作中参考这些文章。文献综述可以包括与研究相关的方法论、历史、理论和其他类型的来源。区别在于这些文本应该影响你对其他语境和现象的阅读。

同一类型可以有多个章节，所以可以选择几个独特的文献评论，可能一个涉及历史，一个涉及理论，一个涉及方法；甚至可以用一章来详尽地叙述一位理论家或建筑师的作品。文献综述不需要花费太多精力使这些材料相关，因为这可以在后面的章节处理。

理论章节

与文献综述不同的是，有一章专门讨论理论。这种情况经常发生在将大量时间和精力投入田野调查的学科中，在这些学科中，报道的叙述被理论元素的引言所打断。但是重要的是不要把这看作是讨论更基本或抽象概念的一种分隔。

你的理论讨论应该为其他章节提供信息，把这一章放在你文章的开始附近会让你重新参考它，很可能在其他章节的结论中。

方法论

除了在文献综述中讨论潜在的方法论问题，还需要介绍自己的方法论。同样的，这可能是对后面章节的简短介绍，在这一章节中将详细讨论某个活动，但需要把方法说清楚，注明资料来源，并详细说明如何进行研究的。

案例或先例研究

许多章节都属于这个类别，因为它可以用来讨论任何主题。这是你的工作研究探索问题实质的地方，所以几个相互关联的章节通常会被用来探究正在调查的案例或语境。

原始数据：访谈和田野调查

田野调查章节的风格与上述章节有很大的不同，通常会有一个叙事流程，将其作为田野调查笔记的提炼，或穿插在访谈中的直接引述的一系列观察。参与的直接性在这个章节中是很重要的，虽然理论上不必完全缺失，但在这个章节或小节中，它通常处于次要地位。在这样的章节中，你希望你的语境或者你的受访者能够为自己说话。

结论

结论是写作中最重要的部分之一，因为在这里你有机会为自己说话。在评估了研究中的证据和数据后，你可以权威地告诉读者你认为情况是什么，主题的含义或意义。如果没有充分的结论，读者可能会问研究的目的是什么。

考虑到这一点，结论是在文章范围之外的一章，并试图讨论所讨论内容的更广泛的含义和重要性。举例来说，为什么调查一个特定的历史时期，或理解不同的居住概念，或者建筑在当代小说中的应用是重要的？一种方法是总结初步结论。每一个章节都可以在文章进行的过程中得出结论，在文章的最后可以把所有这些观察总结成一个更统一的整体。

附录

附录是有用的，但应该尽量少用，因为不能保证读者会看到包含在附录的信息。可以在附录中提供补充信息，比如完整的访谈记录，更完整的项目和实验描述，进一步的数据集或插图。你不应该用附录来为文章增加更多章节；它们并不是规避字数统计的许可证，而是一种用收集到的一些原始证据和数据以更连贯、更独立的形式来补充文章的方式。这样就可以参考文章中的文档了。

术语表

通常应该避免使用太多的行话和专业术语，但这对你的论证来说是很重要的。例子可能包括带有特定术语的国家建筑描述，你的读者不一定能理解。其他例子包括你以非常特定的方式使用术语，并且需要将定义放在一起。这不应该取代你在文章中对这个术语的解释，而是应该起到收集这些定义的作用。

参考文献和引用

参考文献是许多本科生的惊恐之源，他们担心格式或引用风格以及与抄袭的紧张关系。引用目的不是让作者的任务变得更困难，而是用一种通用的格式来呈现必要的信息，让读者能够理解信息和观点的出处。简单地说，引用是在给予应得的信任。

关于引用最容易被误解的事实是，使用参考文献并将你的文章置于现有的学术文献的背景下，实际上会加强你的研究。在这方面，关于个人天才的持久神话对我们所有人都造成了极大的伤害，但值得强调的是，引用与你研究相关的文章只会提高你的研究水平。

引用是勤奋的活动，它可以展示你对某一研究领域或学科的现有学术成果的理解。每个读者都会给每篇文章带来新东西——甚至对写作也是如此——你必须展示研究来源，并且理解你对这些资源带来了独特的视角和理解。当讨论一个概念、理论或想法时，应允许其他作者提出问题，找到新的见解，并准确地理解你的意思。

虽然有各种各样不同的引用风格，但它们有一些共同之处。每种样式给出了以下信息：

作者姓名：关键信息是谁写的。这使我们能够理解文本在更广泛研究中所处的位置，并获取他们对其他问题的想法。只给书的名字是不够的，因为可能有好几本书都是这个名字，而且这也会表明你把这个文本看作是绝对的、不可改变的东西，而不是一个作者或一组作者的研究。如果要使用速记，则作者的姓氏是公认的规范。

编辑：当引用整个编辑的集合时，将使用此信息代替作者的姓名。最好的做法是提供个人的贡献，并将这些贡献归于有关的作者；从一个集合中引用不止一篇文章是可以的。

出版物标题：为你阅读的内容提供一个明显的指标，通常更有助于为期刊或论文集提供特定贡献的期刊文章或章节标题，而不是合集的标题。在这种情况下，常用的符号是用引号而不是斜体表示标题。

出版商和出版地点：关于谁出版了这篇文章的实用信息有助于找到这篇文章。

出版日期：这些信息可以通过多种方式呈现，但出版年份可能比最初写作的日期要晚得多。给出你使用的书籍版本的日期。如果你觉得这很重要，那么用方括号注明文本原始日期，但对于你资料来源感兴趣的读者来说，知道你所使用文本的版本或印刷版本是很有帮助的，特别是当你的引文可能包含页码时。

页码：当直接引用的时候，页码是必不可少的；当你引用更广泛的论点时，页码是更可取的。

访问日期：对于在线资源，网站可能在没有通知的情况下更改，所以务必说明最后访问该信息的日期。

网站来源：URL 是不够的，因为你需要能够提供类似于印刷出版物的信息。即使作者是未知的或匿名的，你也需要明确地声明这一点。通常情况下，当这些信息丢失时，你仍然可以为这些信息提供一个企业身份——例如，如果没有指明具体的作者，则引用 RIBA 作为信息的作者。

参考和引用另一位作者的作品有很多种方法。最直接的就是使用引号。这些必须缩进或用引号括起来，以便把它们标记为别人所写的内容。对于短引号，它们可以出现在文本中，也可以出现在你正在撰写的文章中。超过一行文字的引文应分隔成段落并缩进。在这两种情况下，作者和文本需要引用引文，将读者引向参考文献。这将采用（Lucas 2013：45）的形式来表示参考文献中的文本，由 R. Lucas 在 2013 年撰写，第 45 页。不同形式的引文对此略有不同（见下表），但原理是一样的。

当引用另一位作者的广泛论点或者希望引用他们作为信息来源而不实际引用他们的论点时，也可以使用同样的简短引用。

最好的做法是一边工作一边整理参考资料，这样可以避免在项目结束时，重新格式化每一个引用和参考文献。参考资料格式的一致性是很重要的，这可以通过使用 EndNote 等软件获得帮助，大多数大学都有使用 EndNote 的许可证。

对抄袭的焦虑不应该占据你的思想，因为它很容易避免。参考文献的目的是为了确保能充分利用手头上广泛的学术文献，将调查放在更广泛的学术背景下，并认识到这些观点和想法将有助于你发展自己的想法。这并不是要否定观点，因为你仍然可以自由地反对和争论这些既定的立场，但为了有权威地表达自己的观点，准确地了解这些立场是什么是很重要的。

引用举例

你的论文或出版商可能会指定一个特定的引用格式。每一种引用和参考文献的风格都是同样有效的，但重要的是要遵循所要求的风格，以给予一定程度的一致性。由于使用了各种各样的方法，所以这里的举例仅限于两个最常见的。

哈佛格式（作者和日期体系）

参考文献：

Koolhaas, R.（1994）. Delirious New York. New York : Monacelli Press.

文中引用是作为参考文献的交叉引用来处理的：

在文本中包含直接引语比如'引用的话放在单引号中，然后是作者的姓和出版日期'（库哈斯 1994 : 200）。

芝加哥格式（注释和参考文献）

《芝加哥样式手册》建议使用作者和日期体系，或注释和参考文献，如下所示。

参考文献：

Koolhaas, R. Delirious New York. New York : Monacelli Press, 1994.

文中引用采用脚注的方式处理：

如果文本中包含直接引用，比如"引用的话放在引号中，然后是一个上标的脚注编号 [2]"，这里编号指的是脚注文献，格式是在末尾有一个页码：

Koolhaas, R. Delirious New York. New York : Monacelli Press, 1994, p.200.

引用不同的来源

所有形式的引用实践都允许引用各种文本和资源，每一种都有不同的规则。

单个作者的书籍：

Koolhaas, R. Delirious New York. New York : Monacelli Press, 1994.

多个作者的书籍：

Lakoff, G. & M. Johnson. Metaphors We Live By. Chicago：University of Chicago Press，1981.

编辑的书：

Leach，N.（ed.）. Rethinking Architecture：A Reader in Cultural Theory. London：Routledge，1997.

书中的独立章节：

Lucas，R. 'The Sketchbook as Collection：A Phenomenology of Sketching'，in Gittens，D.（ed.）. Recto-Verso：Redefining the Sketchbook. Farnham：Ashgate，2014，pp.191-206.

期刊论文：

Lucas，R. & O. Romice. 'Assessing the Multi-Sensory Qualities of Urban Space' in Psyecology，Volume 1，Issue 2，2010，pp.263-276.

政府文件：

GREAT BRITAIN. Homes for Today and Tomorrow：Elizabeth II. London：Her Majesty's Stationery Office（HMSO），1961.

档案材料：

James Stirling（firm），1963-1967，History Faculty Building, University of Cambridge，Cambridge，England. [Axonometric drawing] James Stirling/ Michael Wilford fonds. AP140.S2.SS1.D26.P3.1. Collection Centre Canadiend' Architecture/ Canadian Centre for Architecture，Montréal.

网站：

Centre Canadiend' Architecture/ Canadian Centre for Architecture. 'Found in Translation：Palladio – Jefferson. A narrative by Filippo Romano'，http：//www.cca.qc.ca/en/exhibitions/2488-found-in-translationpalladio- jefferson（accessed 6 February 2015）.

报纸刊物：

Wainwright，O.（2015）. 'Philharmonie de Paris：Jean Nouvel's 390m spaceship crash-lands in France'，The Guardian，15 January 2015. http：//www.theguardian.com/artanddesign/2015/jan/15/philharmoniedeparis-jean-nouvels-390m-spaceship-crash-lands-in-france（accessed 6 February 2015）.

电影：

Stalker, DVD, directed by Andrey Tarkovsky. UK：Artificial Eye, [1979] 2002.

结 论

整理成文是研究的公众形象，通常也是评判它的方式：你向外部受众传达你研究的过程和发现。然而，在许多方面，整理成文阶段是研究过程中最缺乏创造性的阶段，由于糟糕的数据收集和对语境或文献的了解不足，无法通过优美的散文来拯救。

这并不是要贬低整理成文的过程，而是要理解它在研究中的地位：作为你研究内容的巩固和交流。文章需要具有权威性，以其严谨性说服人，既有趣又与建筑学科相关。

好文章是有说服力的，用证据和论点来支持观点。它可能会激发读者以不同的方式思考，更彻底地调查一些资料来源，或者考虑以不同的方式看待他们自己的语境和过程。在写下结论时，一旦总结了想法，考虑一下你希望你的研究产生的效果和影响。到目前为止，你所做的详细而细致的研究将使你能够提出建议并确定你的研究可能产生的影响和用途。你的研究让我们做了什么，或者认为这在以前是不可能做到的？你的观点为未来的设计师和学者提供了什么？现在还有哪些新项目让你去追求？

结论是你工作中面向未来的部分，通过对文献、理论和案例研究的仔细讨论，以一种相对不需要论证的方式讨论你研究的目标，因为该工作已经在论文的其他地方完成。在建立了坚实的基础并赢得了读者的信任之后，你现在已经获得了表达自己的观点和确定自己立场的权利。

第二部分
实际应用与案例分析

纽约新当代艺术博物馆，妹
岛和世和西泽立卫（SANAA）
事务所，2007 年

第8章
物质文化

　　物质文化研究是人类学和考古学的一个分支，关注事物的传记——我们每天接触到的对象、服装和材料。作为最早建立和直接相关的社会调查形式之一，物质文化研究是一种与建筑打交道的有用方式。

　　本章回顾了当今在该领域重要人物的案例，包括阿尔琼·阿帕杜莱（Arjun Appadurai）、伊恩·霍德（Ian Hodder）、维克多·布奇利（Victor Buchli）以及约瑟夫·里克沃特（Joseph Rykwert），他们对我们了解在日常生活中"物质"所扮演的角色做出了贡献——最重要的是以这种方式理解物质是如何为事物的社会本质提供途径的。本章以我自己在这一领域的研究为例进行了总结，考察了首尔和其他韩国城市市场的物质文化。

事物的商品状态

　　人类学家阿尔琼·阿帕杜莱（Arjun Appadurai）在《商品与价值政治》一文中描述了更广泛的交换及其与马塞尔·毛斯（Marcel Mauss）送礼理论（gift-giving theory）的关系。阿帕杜莱关注的完全是物质文化的交换，跟踪商品和物品的流动和交换，以便为它们找到传记，为对象提供相当于一个人的人生故事。

　　这在现在不像在物质文化作为人类学的一个独特分支开始时那么有争议，但是这种方法存在一些问题，尤其是当接触到基于实践的理论时，它认为制作的熟练过程和使用对象是不可忽视的。

阿帕杜莱强调，在经济交易中不仅有分配给对象的价值，而且这种交换实践本身也有一种内在的价值。这里很重要的是，要明白那些看似毫不相关的遥远国度的民族志数据和它们的习俗，给了阿帕杜莱和莫斯等理论家机会，让他们可以把礼物和其他形式的交换视为基本的人类实践。这意味着他们需要理解这种交换最广泛的形式，并利用这种理解来形成包含整个人类经验的理论，而不是完全西方化的概念理解。通过对一些太平洋西北地区土著文化的赠送礼物节日等例子的研究，从而理解交换。它考虑到许多（如果不是所有的话）类似的活动，在这些活动中，交换的物品是按照价值体系、互惠安排、地位等级和竞争进行的。

理解这些实践让建筑师能够了解世界，了解那里发生的各种活动，并对这种实践的概念驱动因素（比如互惠和义务）有更本质的理解；非批判性的眼光可能隐藏因素。

让我们把商品看作是某种情况下的事物，这种情况可以描述许多不同种类的事物，在社会生活的不同阶段。这就意味着要关注所有事物的商品潜力，而不是徒劳地寻找商品和其他事物之间的神奇区别。这也意味着要打破以生产为主导的马克思主义对商品的看法，关注商品从生产到交换／分配再到消费的总轨迹。

所以我们看到这种对事物传记式的研究方法在揭示事物的循环方面是卓有成效的。这个理论并不把物体、事物和材料看作是固定不变的，而是把它们理解为从一种状态运动到另一种状态。了解分布模式很重要。这些事物从一个人转移到另一个人的手段和方式是什么？

阿帕杜莱给出了以下模式来理解这一点的含义：

任何事物的社会生活的商品阶段

任何事物的商品候选资格

任何事物都可以放在商品语境中

这种分类提供了三种方式来理解事物的商品属性。这些是相辅相成的分类，而不是一种或另一种，从一种变成三种。我们必须同时理解

对象的三个方面，才能把握其商品性。我们可以理解特定商品的时间性
（1）、概念性（2）和位置或地点（3）。商品的时间性指的是一件东西可
能在一段时间内被认为是商品，但之后就不是了。购买成为某人自我的
一部分并且他们不会放弃的物品就是一个例子。当我去配眼镜的时候，
我的眼镜是一种商品，但当我缺钱的时候，我不会卖掉它们。这是因为
它们不再是商品状态的候选，是由于它们的实用性和对我需求的特殊性。
如果此类商品存在二级市场（实际上没有），这种情况可能在某个时候
发生改变。

阿帕杜莱所描述商品语境的概念是有趣的，因为它专门针对空间性：
建筑语境和其他因素。

> 最后，商品语境是指文化单位内部或文化单位之间的各种社会
> 竞技场，这些竞技场有助于将一件商品的候选资格与其职业生涯的
> 商品阶段联系起来……与陌生人打交道可能会为物品的商品化提供
> 背景，否则这些商品就会受到商品化保护。拍卖强调了物品（比如
> 画作）的商品维度，这种方式在其他情况下可能会被认为是非常不
> 合适的。集市环境可能会鼓励商品流动，而家庭环境可能不会。

我们很容易理解毕加索（Picasso）的一幅画在拍卖行、汽车跳蚤市场、
国家美术馆、私人住宅或商业画廊中所处的语境是不同的。在这些空间
中，交换规则是完全不同的，甚至是被拒绝和抵制的。

> 所以，商品化处于时间、文化和社会因素的复杂交集上。在某
> 种程度上，一个社会中的某些事物常常在商品候选中被发现，符合
> 商品候选资格的要求，并出现在商品的语境中，那么这些事物就是
> 商品的精华。在某种程度上，一个社会中的许多或大多数事物有时
> 符合这些标准，这个社会可以说是高度商品化的。

阿帕杜莱继续描述当代资本主义社会可以用这种方式定义，以及物
品可以成为商品的程度。阿帕杜莱不断地提到物品的"职业生涯"，以
及它们在任何特定时间内具有作为商品三个特征的程度。

在西方城市，交换发生在不同的地方，仔细分析这些会产生有趣的结果。以在地铁和火车站等交通站点购票的方式为例。通常，这是由自动售货机出售的，因为时间是因素，而人与人之间的互动是为更复杂的城际旅行预留的。在这种情况下，排队的组织方式也很有启发意义，无论是排长队，还是在人们从自动售货机上取号码一段时间后，才把他们叫到柜台的售票系统。

市场鼓励讨价还价和谈判，而这在连锁店往往不允许的。这在一定程度上是由于店主在各种情况下的权威。典型的商店工人没有权力改变价格，即使是大型全国性或跨国连锁店的商店经理。然而，市场摊贩出售自己的商品，所以在价格上有一定的灵活性。小工艺品集市和出售手工和精心制作商品的市场是另一个例子。委托工作的可能性与直接从制造商那里购买商品的机会并存。

连锁商店有便利的一面，无论是食品店或电子产品、衣服、书籍和其他商品的供应商。这些商店有从一个分区到下一个分区的标识，顾客大致知道东西在哪里，舒适地从一个地方走到下一个地方。百货商店则完全是另一种情况。那里的商品价值高、地位高，在某种程度上被当作艺术品。精心设计的橱窗展示以配合季节变化为主题，但其他因素，比如员工互动的方式，或相对稀疏的挂衣服展架，所有这些都有助于营造百货商店的气氛和氛围，使其成为一种特别而昂贵的东西。

这种批评可以开始应用到你正在调查的设计或论文项目中。交换的本质是什么，以及如何营造合适的氛围？每年12月曼彻斯特突然出现季节性市场，当食品和工艺品在遍布市中心的小木屋里出售时，这与已建成的中央购物区形成了鲜明的对比。类似地，出售复古或新晋设计师服装的快闪店，也会产生一种临时性和稀缺性——人们必须"知情"，并与相关渠道保持联系，以便知道这些店将在何时何地开张。

阿帕杜莱在文章的最后思考了整个项目：

> 除了了解一些不太寻常的事实，从不太寻常的角度来看待它们，以本文提出的方式来看待商品的社会生活，有什么普遍的好处吗？关于社会生活中的价值和交换，这个观点告诉了我们什么，是我们不知道的，或者是我们不可能以更简单的方式发现的？如果认为商

上图 城市中不同形式的经济交换的例子：
（a）马德里非正式的街头商贩；（b）罗马的熟食店；（c）马德里的梅尔卡多圣安东（Mercado San Antón）；（d）纽约的 NoHo 市场，占据了建筑物之间的空地；（e）格拉斯哥的巴拉斯市场（Barras Market）；（f）东京百货公司和服店；（g）首尔江南区购物选择的密度

品无处不在，商品交换的精神与其他形式交换的精神并没有完全分离，那么这种启发式的立场有什么意义呢？

这表明了交换在价值、商品化、商业主义和全球化中处于核心地位的重要性。交换是重要的和基本的，它可以被分解成要素和影响范围。这一广义的政治观点来自于社会理论家格奥尔格·西梅尔（Georg Simmel）的著作，作为本文命题加以应用。同样地，我们可以从建筑学的角度出发，将这个评论和其他在堂课中发现的内容，应用到我们感兴趣的地方上。评论提供了一种理解商业和交换场所的方法。

我们已经看到这种政治可以有多种形式：转移政治和展示政治；真实性政治和认证政治；知识政治和无知政治；专业政治和奢侈品控制的政治；鉴赏力政治和刻意调动需求政治。这些不同政治层面之间关系的起伏，解释了需求的变化无常。从这个意义上说，政治是价值制度和特定商品流动之间的纽带。

下图　纽约高线（High Line）公园附近的房地产标志。围绕这个线性公园见证的快速高档化与使该项目取得成果的社区精神背道而驰，但最终的吸引力如此之大以至于房地产变得极为有价值，将许多原本居住在该地区的人推到离市中心更远的地方

人与事物的纠缠

考古学家伊恩·霍德（Ian Hodder）探讨人们是如何与实物"纠缠"在一起的方式。他指出，谈论事情时常犯的错误是，好像它们从未与人或其他事物接触过一样：

如果要满足人类对庇护所的需要，房屋墙壁需要屋顶，浴室需要插头，船帆需要桅杆。物质的东西是互相配合的，所以如果把一块又大又平的石头放在另一块上面，它就会呆在那里，至少足够长来做一堵墙。物体相互粘连。它们可以绑在一起。如果想要制造金属，肥皂需要水，熟食需要火，铁矿石需要炉子。

另一种情况考虑材料的传记是有帮助的：不是作为一种惰性和不变的现象，而是作为连续体中的一个点，每一点都对我们的研究有启迪。

采购：这不仅指原材料的采购，还指原材料最初是如何获得的：例如，原材料是开采、养殖还是以其他方式采购？

制造：通过将原材料转化为具有更多可承受性的材料，加工成适当的形状，组件组合成离散的单元，从而使某物变得有用的过程。

用途：使用某物方式，在木材方面有很大的变化，在砖方面有较少的可承受性，在预制单元方面有非常具体的用途。

维护和修理：所有的材料都会随着时间而降解。有时这是因为材料被雨水和阳光磨损了；在其他情况下，污染或重复使用会造成磨损。如何维护和保持材料的使用是经常被忽视的问题，但对于建筑研究来说却是一个相关的问题。

废弃：材料不能重复使用吗？如果是这样，我们如何丢弃它？在哪里丢弃它？这种废料对环境的直接影响是什么？这种材料还剩下多少存货？我们如何处置建筑物，这对社会文化有什么影响？

霍德自始至终都提到了其他的过程，而这正是他理解物质文化的关键：作为过程的一部分，持续地处于流动和关系中而不是孤立地存在。事物依赖于彼此，依赖于人，依赖于关系和纠缠。阐明这些错综复杂的关系是进行相关和有价值建筑研究的一种方式。

文化标志物

物质文化理论家研究人与物品之间的关系，这些物品在他们的社会交往中可能占据的位置，以及我们赋予物品的意义。

当我们开始用另一种方式来思考物品，并把事物的生产——人类

右图　由 SANAA 工作室设计的纽约新博物馆就是一个例子，它使用了适度的材料被精心使用，使其成为最优质的木材和石头结构。这是建筑作为设计过程的一部分，可以讨论和发挥物质文化概念的方式

生活的基础创造力——作为重要的研究领域时，问题就出现了。物质文化研究开始更全面了解物品的生命周期，比如在苏珊娜屈·希勒尔（Suzanne Küchler）对"马朗根"（*Malanggan*）的描述中，一件来自美拉尼西亚的仪式物品后来被遗弃但是被西方艺术商人收藏。物品被制造和处理，但是制造的过程在物质文化研究中经常被丢弃，在阿尔弗雷德·盖尔（Alfred Gell）的《艺术与媒介》（*Art and Agency*）研究中就有问题，他将一幅画的制作简化为一系列社会关系和经济交易，完全回避了图像实际制作背后的意图，以及一系列经验可能在画布上形成的过程。

　　然而，很明显这种将物品视为社会根本的方法非常重要。不仅仅是表面，对材料的描述，比如对服装的研究，它直接反映了人们的生活经历。丹尼尔·米勒（Daniel Miller）通过查阅有关印度女性所穿莎丽的文献，以一种通俗易懂的方式探讨了这一问题。莎丽拥有许多文化符号，涉及范围从母性到求爱女性的概念，也包括许多关于控制衣着保持衣服在合适的位置以及投射穿着者的各种不同形象的焦虑。米勒将这种文化意义与戴头巾的实用性以及复杂的褶皱排列结合起来。

　　一个更直接的建筑例子是人类学家维克多·布奇利（Victor

Buchli）的研究，他研究了后苏联时代的俄罗斯住宅以及共产主义时期住宅概念的历史背景。根据布奇利的说法，家的风格和概念都与当时的政治紧密相连，不同于斯大林国家建筑向简约的古典主义发展并延伸到家庭之前的现代主义议程。在苏联解体后接受全球消费主义文化之前，这又一次转向了后斯大林时代的简约风格。每一次转变都意义重大，因为每个人都应该按照每一个时代来生活，代表着公民与国家之间的相互作用，特别是在需要适应的情况下，或在以创造性方式规避建议的情况下。

布奇利所描述的是一种用最少的手段对家庭进行彻底的政治处理：窗帘、家具的摆放以及墙壁装饰等东西的背后都有政治意图，乍听起来有些荒谬，这是值得坚持的。这是荒谬的，但公寓监管机构强制执行了这种审美变化，限制了人们对自己住所的控制。

布奇利使用俄语词"byt"，它可以粗略地翻译为"生活方式"，但也包含了这种生活方式的物质特征。共产党认为对 byt 的控制对于建设共产主义国家是极其重要的：人们对自己家的期望和投入发生了重大变化，远离了小资产阶级的朴素态度。尽管物质具有日常性质，但这种对家庭生活的考虑既丰富又对建筑极其重要。它还表明理论提供了可以理解特定的问题框架，而这些 byt 理论家以说教和政治的方式运用他们的知识。

案例研究：首尔南大门市场推车集合

该项目是对首尔、大邱和釜山等韩国城市的城市市场进行的广泛调查的一部分。这些市场是城市结构中充满活力和弹性的部分，与城市更正式的一面交织在一起，虽然看起来混乱，但实际上是高度有序的地方。这项研究的其中一方面是将市场推车作为询问对象进行调查。这些构成了一种卓越的非正式建筑，尽管没有专业人士的介入，它在很大程度上创造了建筑和城市生活。问题是：我们能从这些行业空间中学到什么？

现场绘画经常与现场调查后绘画相比较。当在一个地方的时候，绘画的即时性常常比回忆性的绘画或者像照片这样的记录更受欢迎，但是绘画中有一个元素是经验的符号，是观看的符号。有些东西在现场被遗漏了，而现场调查后绘画允许时间维度的扩展，也就是冥想。

在试图了解市场及其组成部分时，这些绘画构成了对现场的检验和询问。剖面图展示了体积空间的变化，平面图描述了空间内开放和封闭的各种状态（重要的是按顺序而不是孤立地绘制），而立面图探索了供应商如何利用公共模块的变化。最终的目的是与轴测草图的推车有关：分解每一步仅仅是为了让它们再次建立。先是草图，然后是绘画。

保罗·贝拉迪尔（Paolo Belardi）的《为什么建筑师还在画画》（*Why Architects Still Draw*）中描述了一个学生项目，该项目对一个棚户区进行了调查并称它是建筑的"第六阶"。这一点在建筑历史学家约瑟夫·里克沃特的著作中有所体现（了解更多关于里克沃特思想的细节以及他对"原始"房屋和建筑秩序的研究，见第 10 章）。进行详细调查的想法通常被认为是机械性的，但它具有比这更深层次的潜力。贝拉尔迪试图将调查作为一种基本的建筑行为，将绘画作为理解语境的一种明确方式，来重新确立这一理念。

我们每个人都可能在某个时候看到过建筑师每天的工作内容，一些白色石头建造的建筑物的三种典型建筑视图：平面图、剖面图和立面图。这些表现形式显然是一台巨大的切片和绘制机器的输出，使我们可以在 x、y 和 z 轴上进行测量。贝拉迪尔认为，增加第四维度——时间，甚至第五维度——文化非常重要，尤其是在当今世界。

对市场推车的各种调查表明其颗粒（金属网格和脚轮、预制推车）以及电力基础设施（通用称重秤和划定的地平面；临时障碍物和特设防水油布覆盖物）。这些东西本身都很普通，但一旦它们彼此纠缠在一起并被置于市场的社会文化背景中，它们就获得了意义和形式，从而为韩国城市中最激动人心、最吸引人的城市表达做出了贡献。

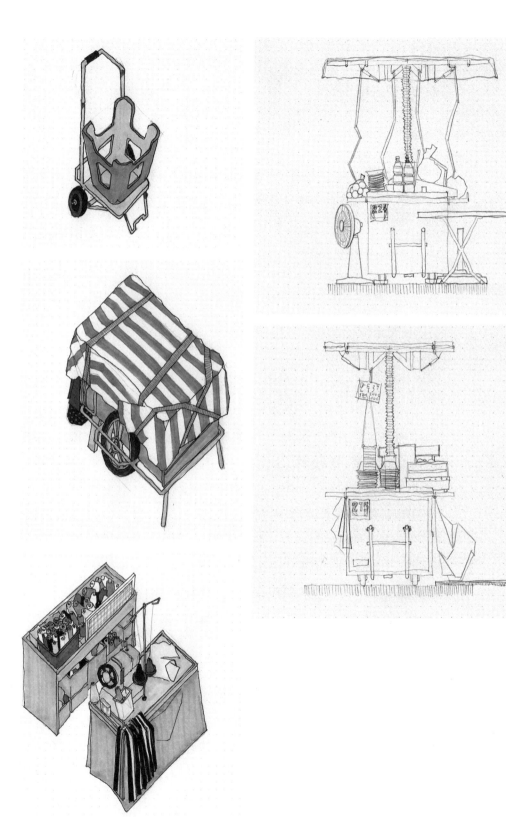

上图　首尔市中心南大门市场的手推车绘画

第9章
环境心理学

环境心理学是一个重要的研究领域，调查人们如何与建筑环境互动，它可以为建筑学提供很多帮助。

该领域的很多方法论是基于心理学严格建立的，环境心理学需要实验室条件和大量的调查对象。环境心理学的关键场所是教育和医疗空间。这些空间的主要用户有特殊的需求，并且处于确定的权力关系中。心理学可以洞察人们的偏好，对空间的演变反应，以及对安全或危险的感知，它还可以提供改进导向标识的方法。

目前最大的研究领域之一是恢复性环境，心理学家认为建筑环境的丰富多彩在许多方面有助于健康。本章还展示了"音调变化空间"的一些发现，这是一个关于人类声音的空间性研究项目，以及它是如何在公共空间中起决定作用的。

詹姆斯·吉布森与空间替代法

美国心理学家詹姆斯·吉布森（James Gibson）是理解空间感官知觉的核心人物。避开了传统心理学基于实验室研究的偏好，他认为只有在实际的环境中才能获得对环境的感知。这与许多实践背道而驰，如偏好研究，即向实验参与者展示环境图像，以确定他们更喜欢哪种环境。吉布森的观点是这种实践做法只能告诉我们这么多，后来也有很多人这样认为。在极端情况下，它们只能告诉我们人们对照片或屏幕图像的看法。除此之外，还有一种科学严谨的实验方法，它允许研究人员在实验室里小心地构建实验，只要研究的意图和主张不被过分夸大。

根据吉布森的说法，感知不是一个静态的过程，人是感受器，仅仅接受外部刺激。吉布森所喜欢的"偏好系统模型"是把感觉器官看作是一个移动的、正在寻找的有机体，不断地寻找可以感知的东西。

吉布森进一步讨论了环境的本质，将其分为媒介、表面和物质。这是一种颠覆笛卡儿坐标的传统概念方法。在笛卡儿坐标中，空间是抽象的，并按照 X、Y 和 Z 方向排列。吉布森的模型传达了一种我们所处环境的概念——我们是其中的一部分，而且不得不在其中思考——作为一种有厚度和质量的媒介。我们呼吸空气，被污染窒息，在泥泞中行走或在水中游泳。物质是那些具有抵抗性的元素：被其他模型概念化为固体，但被吉布森描述为具有抵抗性。介于两者之间的是表面，有时可以渗透，允许从一个移动到另一个。

这个模型让我们更有效地思考我们如何感知世界以及它如何影响我们。

人与环境研究

人与环境研究是心理学与建筑环境相结合的研究领域。一些协会追求这种联系，比如国际人类环境研究协会（IAPS）。IAPS 致力于理解我们与环境互动的多种方式，以及这些方式对我们有什么影响。

鉴于当前对恢复性环境的讨论，这是一个不断发展的研究领域，在那里我们对我们居住的地方的健康状况持有一种立场。长期以来，人们一直认为环境对健康有影响，但人们对这种关系的性质却知之甚少。像 IAPS 这样的组织试图以一种更严谨的方式来理解这一点，调查了一系列的现象以便更好地建议和设计城市环境和建筑。

恢复性环境研究超越了"病态建筑综合症"和其他病态的方式来解决问题，有着更积极的前景，试图了解最佳的照明水平，理想的植被使用，导向标识的视觉清晰度，以及人们喜欢在哪些地方锻炼。这每一项都有助于建筑使用者的身心健康。

为了找到适合各种不同建筑用户的最佳建筑方式，研究人员使用各种实验性方法，焦点小组和访谈、纵向研究和其他形式的数据收集和数据挖掘。这通常可以延伸到以用户为中心的设计，让使用建筑的人有机会参与设计过程。在此过程中，这可能会导致一些围绕设计师和专业人员性质的问题，最坏的情况是验证一个专横的建筑师的假定设计解决方案的过程。然而，最好的情况是实践模式（如合住）允许居住在一个地方的人们与设计团队之间的合作。

这样的活动通常是由设计师组织的研讨会，他们在每个活动中提出的问题非常有限。这可能是考虑语境以及建筑如何坐落在其中，确定社区在访问、安全和阳光方面的需求。另一个研讨会可能考虑的是建筑材料和装饰：房间的要求是什么，比如浴室和厨房，以及其他外部顾问可能会提供帮助。

风险在于这种类型的咨询可能无法提供创新的解决方案，但问题在于构建合作框架的研讨会设计，而不是咨询本身的想法。正如所有的事情一样，有好的一面，也有坏的一面。

案例研究："音调变化空间"

音调变化空间项目说明了环境心理学的一些方法和发现。空间是确定的而不是预先存在的，这种观点值得进一步讨论。实现这一目标的方法之一是通过一个像这样的提问式研究项目，这是一项关于人类声音在城市环境中作为空间决定因素的影响调查。

这个项目是由艺术和人文研究委员会（AHRC）资助，爱丁堡大学建筑和音乐系合作。作为一项试点研究，该项目有很大的自由度，并在许多方面影响到后续的研究。为了调查我们使用我们声音来确定或以其他方式定义城市空间的想法，该项目在 15 个月的时间里使用了多种研究方法。

一次又一次地以火车站为例，因为它很好地回应了正在探讨的理论——与电影中的声音设计有关——法国电影理论家米歇尔·琼（Michel Chion）的理论。琼的研究考虑了屏幕外声音的流通和效力，当它的来源不可能被识别时，说话可以获得力量。这在电影理论中被描述为一种权

左图 该项目"音调变化空间"考虑诸如伦敦滑铁卢车站这样的地点，研究声音决定公共空间的方式

威的声音，在这种情况下一个特殊的机构被授予这个屏幕外的声音，不管他们被认为是独立的叙述者还是故事中的角色。这个理论框架后来在音乐领域[彼得·纳尔逊（Peter Nelson）]、声音设计领域[马丁·帕克（Martin Parker）]和建筑领域[理查德·科因（Richard Coyne 和我）]的讨论中得到了启发。

该项目的一个阶段涉及使用数字录音机和双耳入耳式麦克风进行数据采集，其作用是减少录制时设备内部的噪声，并且还允许将空间的立体声效果复制到录音机中。这在一定程度上可以让训练有素的听众通过听录音来讲述很多有关该空间的内容。制作一系列环境的录音，并辅以其他更人为的录音，使得某些声音品质得以探索。

有两个关键练习可以让我们与参与者讨论声音的品质或音质[如罗兰·巴特（Roland Barthes）所描述的"语言与声音的相遇"]。

第一个练习是一系列焦点小组和结构化访谈，参与者被要求对我们准备的录音和媒体做出回应。这些对话被录音并被转录，用关键的引文阐明观点以得出一些研究结果。焦点小组的合作者们被要求听音景，并回答一系列关于录音给他们留下的空间印象问题。对不同的环境进行了对比，一系列个人访谈之后是不同参与者的焦点小组。

上图 来自各种来源的录音，包括来自日本这家百货商店的录音，这些被用作解释人们从音频回放中能理解多少过程的一部分

焦点小组可以使参与者彼此意见达成一致，消除意见上的分歧，从而达到某种程度的平衡。

交通空间，比如火车站，可以被理解为声音集合：公共广播系统、车站工作人员的指挥，旅客之间或通过他们的移动电话进行的非正式的、激动人心的谈话。每个统计通过使用他们的声音来定义它的领域。电台广播在本质上是环境式的，并且在整个空间中同样存在，听录音的人认为这是特别难以定位的。

对两位学者的采访显示了其中的一些困难，以及如何将它们框定为研究问题：

DM：对我来说，部分是让我感到不舒服的原因，坐在那里听。你几乎被剥夺了那种感觉——这是一个如此流动的空间——要么我站着，就像你说的，说人们从你身边走过——把这个人说的话和要去的地方联系起来，而我可能只是匆匆而过，在这里和那里进行一点对话——被剥夺了这种运动，就很难把这些事情拼凑起来或者建立某种关系。

RL：有趣的是，你提到被剥夺了"运动"本身而不是它的视觉元素。

DM：我不得不说，我发现很难把它视觉化，不知何故……这里似乎缺少了一些丰富的东西，当然你以前已经听过了，你知道我们都曾在那些空间里——我真的很挣扎；我想是这样的。

RL：那么，我实际上是在空间中移动的事实会使这变得更困难吗？或者静态录音能让你理解空间吗？

DM：我不这么认为——你根本不知道。

DF：在我脑海中我们一直站着不动，在这种情况下声音变得更大更饱满时，你只会认为有人从你身边走过然后他离开。在这种情况下，可能是你走路而他并肩走在你身边——然后他转向了。你可以用不同的方式来解释你们的关系——这真的很有趣……

（摘录来自 DM 与 DF 的语音谈话文字记录）

这个录音与繁忙的东京百货商场形成了鲜明对比，后者也是在移动中录制的，而不是从静止位置录制的。一起工作的两名工作人员，一男一女，反复打电话并做出回应。尽管这两个人的身材大小和音调变化模式截然不同，但他们的关系是互补的，那个男人会用低沉、洪亮的声音不停地打电话说"早上好"和"我能帮你什么忙？"，而那个女人以一种尖锐的语气呼喊，给出了更多有关他们正在促销的产品的信息。

> DM：我没有注意到有什么东西特别突出——他们的声音绝对是非常突出的。因为从头到尾都能听到他们的声音，那是一种相当令人安慰的感觉——那种熟悉感——一种贯穿始终的感觉。你可以不断地听到他们。你感觉自己在移动，但你总能听到他们的声音——总是在远处，直到快要结束，而且有一些很好的东西，你可以与之联系起来——就像"好吧，这就是那些人从一开始的样子"。

> RL：这给了你一种空间中的运动感，你觉得呢？

> DM：它确实给了我一种运动感，但不止于此——首先当这些东西从你身上扫进扫出时，我确实感到那种迷失方向，但这个总是有那种参考声音。感觉很线性，但我想那只是因为我能听到那些人的声音——他们的声音总是在那里，而且会突然出现。

> （摘录来自 DM 与 DF 的语音谈话文字记录）

尽管语言和环境都不熟悉，但人们发现这段录音比人们更熟悉的滑铁卢车站更轻松，更不刺耳。这似乎有点令人惊讶。这里的关键是声音有一个可辨别的来源——不是一个可见的来源，因为参与者还没有看到照片或视频——但是声音在空间中的传播方式创造了一种空间感，并最终衰减。我们可以把它看作是透视声音等价物。这种耳朵所预料到的声音衰减，在车站里是没有的；公告传遍了整个空间。听者期望声源是明显的，如果不明显就会被干扰。这是区分环境音和定位音的一个方法。当某些本应是点声源的声音呈现出环境声的特征时，我们会感到不安——环境声听起来像是琼（Chion）的"权威之声"。

视觉化这个空间是听力会话部分的任务之一。当然，这是一项非常困难的任务，尤其是在不知道火车站大厅是什么样子的情况下进行。

RL：实际上视觉化空间是非常困难的，那么对你来说呢？

DM：是的，我发现这非常……我有点依赖——对我来说，我只是在寻找不同的意象，以某种方式代表我试图传达的内容，但什么也没有。我很难画出任何想要表现它的东西，我只有这个——它看起来就是这么简单。

我不会说这个空间是作为一个有层次的三维空间出现的：它只是看起来很普通——某样东西会从一个方向扫过你，然后一些东西会从另一个方向扫过你，就像是在这些东西中间扫过一样——你在它们之间进进出出，它们在你身上扫过，然后又向远处扫去，其他的东西会从另一个方向扫进来，然后又回来——以潮汐般的方式。非常……几乎淹没在这些声音中。

（摘录来自 DM 与 DF 的语音谈话文字记录）

在这种情况下，领地以不同的方式定义。然而，考虑到这些困难，其中一些声音未能引起注意。这方面的一个例子是车站大厅中央的岛形咨询台。从形式上看，这不过是一张办公椅和一个小讲台，车站屋顶上挂着无处不在的"i"符号——对于需要信息的车站用户来说，这种情况既不成功，也不令人满意。该空间的特征在某些访谈中被描述为空心管，而由于我们对混响、环境、非定向声音的记录，包络性和沉浸性的品质尤为突出。环境噪声、公共广播或大声的顾客谈话淹没了这项必要的服务，挤满了困惑的游客和其他需要帮助的车站用户。这强调了糟糕或欠考虑的声音设计对空间的影响，展示了记录和分析方法可以为设计提供信息的方式。进一步考虑更有效的定位声源可以测试和修改，以创建一个更有效的站台。

研究发现音调变化是研究城市声景（urban soundscape）的一个重要特征，而城市声景的研究往往侧重于语音内容或声音音高和振幅。音调变化可以理解为声音从高频率到低频率的旋律运动，它描述了所使用音调的多样性和变化率。很显然不同声调的声音听起来更有趣，但音调变化也比这更复杂。例如，有规律的音调变化模式有助于提高可读性，而且我们发现在各种环境中重复具有重要的作用。我们还观察到在繁忙的环境中，声音会吸引注意力，并被用来保持兴趣。在这种情况下，保持平稳的语调有助于鼓励听众注意特定的频率并继续对话。两个人可以快速地匹配其声音的特征，并且可以通过音调变化有效地与更大的声音竞争。

　　所有人在学会说话的过程中把声音和距离联系起来。我们根据感知到的我们与他人之间的身体和社会距离，将我们的语调从柔和改为响亮，从私密改为公开。我们声音的音量和措辞以及我们想说的话都在不断地提醒我们的距离。

　　该研究项目使用 MAX/MSP 软件开发了一个自定义应用程序来分析语音变化。这些图表被称为情节剧，描述的是音调的变化，而不是频率或振幅（响度）。这与巴特关于声音纹理的概念有相似之处：

　　　我想要概括的正是这种置换，不是针对整个音乐，而只是声乐（旋律）的一部分：一种"语言和声音相遇"的非常精确的空间（流派）。我可以马上起一个名字，我认为精神的诱惑可以被消除（因此这个形容词被消除）："纹理"，当声音处于一种双重姿态，一种语言和音乐的双重产物，声音的纹理就会消失。

　　任何环境的视觉和几何方面只告诉我们故事的一部分。我们的声音是界定地域和构建地方感的重要因素；人声是展示对一个地方的代理权、

下图　一个标准的振幅图表显示来自 Felt Tip 公司的"声音工作室"应用程序的音频样本之一

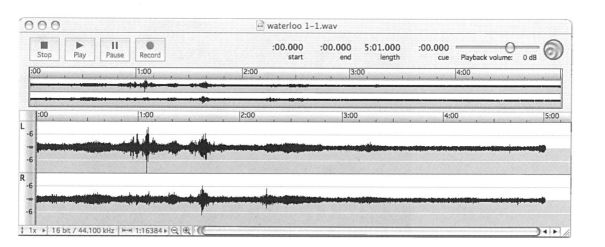

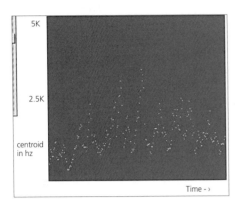

上图　描述声音样本变化的定制软件——在此案例中，新宿商店的声音样本随着时间的推移而上升

对空间的控制感和存在感的一种方式。

这些访谈和焦点小组活动帮助我们设计了一系列声音装置，以进一步探索声音设计在建筑中的可能性。其中最重要的一个以日本插花艺术命名的"Vocal Ikebana"，重复使用了我们的环境录音，安装在白色画廊空间的可移动扬声器上，并带有一些道具。声音装置的参与者被要求听我们已经选择好了的各种平庸声音并回应，然后以一种愉快的方式去布置房间（尽管录音是故意沉闷和重复的）。

参与者可以移动音箱并改变音量，他们有板条箱来调整音箱

上图和右图　照片来自"Vocal Ikebana"的声音装置

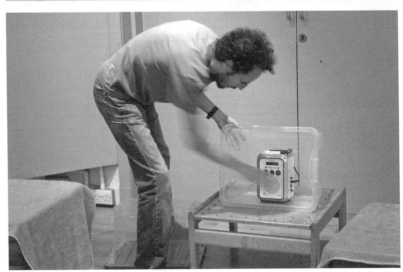

的高度，或者在视觉和听觉上屏蔽音箱。有用来吸音或界定空间的小地毯，还有一些椅子和矮桌子。

实验结果非常有趣，因为一些趋势开始出现。

静态安排

一些参与者将他们的房间设计成从单一位置欣赏，就像一种礼堂体验，或者是专注的倾听体验。这通常用椅子的位置和房间的声学来帮助创造有趣的录音效果。

规定路径安排

制定明确的路径是另一个常见的结果，通常是在我们的受访者被要求用箭头或数字画图的计划中被记录下来。这个建议有一个明确的方向和命令。这是利用了声音作为一种不能被理解的整体现象的时间性。

现场安排

现场安排的结果更自由多变。这种情况并不常见，但确实发生过。这些没有太多的规定，给了参与者极大的自由，暗示了重叠和隔离的点，但没有指导。叙事较少呈现，但出现了一种独特的非视觉空间。

有趣的是绘画在房间声音设计过程中的作用。我们要求参与者对他们的布局安排有所反映，要求在他们完成布局后画出房间的平面图。令人意想不到的是这促使人们带着改变现状的愿望回到房间。绘图实践为进一步的修改打开了大门；绘图的逻辑提供了机会并鼓励参与者调整和改变他们的设计。

这个例子说明了环境心理学的作用以及包括实地记录、跨学科研究、焦点小组、装置作为调查形式的研究方法。这为诊断城市状况提供了多种方法，比如在这个案例中超声波测量被运用到最终的设计策略和建议中。

诺曼·福斯特（Norman Foster）的圣玛丽斧街
30 号（30 StMaryAxe），俗称"小黄瓜"（Gherkin），
前景是圣安德鲁·安德谢夫教堂（St. Andrew
Undershaft Church）

第10章
建筑历史

尽管传统的西方偏见正逐渐被建筑历史的多元交织，而不是被以欧洲为中心的古典风格所主导的单一历史所侵蚀，但是建筑研究最古老的形式是对建筑史的研究。

本章介绍了建筑历史的一些可用方法，并对这些方法提出了问题。将建筑历史重铸为引人入胜、不断发展和鲜活的过程，而不是中立的"事实"呈现。比如，通过阶级与社会历史、殖民与后殖民情况，或者性别研究的视角来重新定义建筑历史，这对于当代理解该领域非常重要。

除了基于简单的地理或国籍历史之外，还有其他可能：建筑表现的历史、建筑的社会历史、环境历史，以及更多的类型或建筑材料的细分，都值得去探寻它们对当今建筑的启示。

问题是哪段历史适合研究？又如何研究？建筑历史都依赖于资料来源，那么研究的主要资料来源是什么，哪些建筑和文件在建造时还保留着，以及课题的关键点是什么？它是如何反映这个地方广义的历史？在特定的时代，这个地方是如何在实践或象征意义上受到关注的？

建筑史的研究对新方法和兴趣保持开放的态度，但必须保持学术研究的严谨性，结合各种来源——从一栋建筑建造时的描述，到实地考察，以及他人撰写的历史（有关使用档案的建议，见第3章）。历史不是中立的，即使不同意，每一种对知识的贡献都必须承认。本章讨论了建筑史上的一些关键人物——曼弗雷多·塔夫里（Manfredo Tafuri）、科林·罗（Colin Rowe）、罗宾·埃文斯（Robin Evans）、约瑟夫·里克沃特（Joseph Rykwert）

和尼古拉斯·佩夫斯纳（Nikolaus Pevsner）——提出的一些替代方法。通过这一点绘制出一条清晰的路径，可以让建筑历史为理解建筑学贡献一些新鲜的东西。本章最后是对建筑宣言研究及其在整个20世纪从争论立场到立场声明轨迹的总结，以此作为探索另类建筑历史的一种方式。

建筑史学：历史学家及其历史

这必然是一个特殊的列表，不同的作者会认为另一些历史学家和理论家的选择更能说明这一点，但以下作者的选择代表了建筑历史作为一门学科的一些范围，并说明了它们的潜力。建筑史的目的不是按照事件发生的顺序来制作枯燥的事件年表，而是讨论这些先前的例子对今天建筑实践的意义。从一开始就不可能（或许也不可取）将建筑史学家与理论家、实践者与学者区分开来：每个人对建筑的宏大叙事都有自己宝贵的观点，也正是这种故事的理念最有启发意义。

讲故事的一个经典例子是伟大的日本电影制片人黑泽明（Akira Kurosawa）的《罗生门》（Rashomon，1950年），根据芥川龙之介（Ryunosuke Akutagawa）的两篇短篇小说改编。这部电影在叙事结构上具有巨大影响力——尤其是在后来的好莱坞法庭剧中——因为它描述了一起由几个证人目击的谋杀案以及随后的审判。每一个目击者用完全不同的方式描述了这个事件，每一个事件从特定的角度来看是真实的，这些解释都在屏幕上播放以供比较。

同样，历史记录也可以是由建筑史学家来解释。在某种程度上，每个建筑师都是历史学家，就像他们是理论家、工程师、设计师和企业家一样。

后面几页作者详细的叙述了建筑历史的一系列观点和方法。这是可操作的历史：一种提供行动的历史，因为建筑师要研究的每一个环境都有他们必须回应的某些社会、文化、经济和政治方面的问题。

曼弗雷多·塔夫里

曼弗雷多·塔夫里的历史目的是研究历史过程以及它们是如何产生建筑的。这个观点让他看到了在形成建筑的影响方面的历史先例，而不是简单地将其作为模型来复制。这种区别使得塔夫里的历史将当代建筑视为由类似的过程形成的：不可低估赞助和经济活动对建筑的重要性，但这并没有产生一个枯燥而程序化的建筑历史，而是一个受到广泛影响的历史，所有这些都有助于更广泛的语境。

塔夫里在他的研究中直接驳斥了"操作"史概念，但他是在后现代主义建筑背景下写作的，在后现代主义建筑中装饰形式常常被引用在结构中，并以一种讽刺的或常常是模仿的方式加以应用。建筑历史的可操作本质不必如此说教，但可以有一些过去的参考，暗示建筑师现在可以如何行动。

塔夫里的项目采用了一种广泛的方法，揭示了建筑生产的潜在动力，并在他的意大利文艺复兴时期的建筑作品中解决了这个问题。在这部作品的前言中，迈克尔·海斯（K. Michael Hays）写道：

上图 黑川纪章（Kisho Kurokawa）的乌托邦建筑中银胶囊塔（Nakagin Capsule Tower）

> 他写历史是为了构建支配社会形态和文化实践的系统变化的历史动态规律。建筑是这个伟大故事的主要展示，因为建筑是所有文化生产中最复杂的竞争和协商。

塔夫里的研究包括对各个时代的乌托邦概念的考察，其中该概念是参照资本主义发展而展开的。乌托邦是一个过程和一种意识形态，而不是一个我们都参考的不固定的概念；它不是一个中立的概念，而是一个首先产生于启蒙理性主义，在工业革命实证主义的推动下，在 20 世纪发展到意识形态。

塔夫里挑战了常见和公认术语，这是一种修辞手段，它对于更深入地理解所反对的概念很有价值，甚至在某些方面也同意：作为一个见多识广的建筑实践者，有责任对辩论的术语进行更多的思考，塔夫里鼓励这样做。

下图 日本建筑继胶囊建筑之后的巨构建筑（Megastructure），这是大谷幸雄（Sachio Otani）设计的京都国际会议中心

我们可以合理地假设"乌托邦"这样一个词既是普遍积极的，也是存在于历史之外的。这在一定程度上要归因于乌托邦思想家们以这种方式确立这一理念的巨大努力，但它的含义比最初可能出现的更具体、更具争议性。

无论有意还是无意，乌托邦主义都与托马斯·莫尔（Thomas More）的中篇小说《乌托邦》（*Utopia*）

右图 日本建筑运动新陈代谢派（Metabolism）最终轨迹是参照意大利山城等先例。黑川将这一概念引入了位于东京代官山的山坡露台，他花了 20 年的时间来开发它

中"乌托邦"一词的起源有关。在《乌托邦》中，作者对人类社会的本质和组织进行了探索。乌托邦简单地说，通常被认为是一个理想的地方，但最初这个词的意思是"没有地方"或"任何地方"。在摩尔的书中，乌托邦是一个陌生而令人不安的地方，但这种无所寄托的特质在乌托邦建筑中反复出现：它失去背景、地点和位置。这可以通过扩展整个区域的设计来实现，就像超级工作室（Superstudio）那样，或者像建筑电讯派（Archigram）那样拥有城市步道——这两者都是 1960 年代的激进建筑团体。然而，乌托邦式的冲动从根本上来说是反语境的。塔夫里对这个重要的细节吹毛求疵，并认为它是此类善意运动最终崩溃的根源。

塔夫里其中一个重要发现是建筑"试图解决超出学科范围之外的问题"，正如凯特·内斯比特（Kate Nesbitt）在介绍他的《建筑与乌托邦》（*Architecture and Utopia*）节选时所描述的那样。塔夫里是一位难搞而又复杂的作家，不过其他人对他的思想提供了更容易理解的变化。

科林·罗

科林·罗的历史采取了一种完全不同的方法，但也考虑到了战后现代主义的背景，以及快速重建和重建在我们的城市中提出的问题。罗是一位坚定的建筑教育家，他对这种基于形式分析兴趣强化了他的历史完全植根于建筑学科。

罗最著名的两部作品——与弗雷德·科特（Fred Koetter）合著的《拼贴城市》（*Collage City*）和"理想别墅的数学"（*The Mathematics of the Ideal Villa*）文章——都代表了罗对建筑形式的痴迷。

左图 考虑到伦敦和爱丁堡在很长一段时间内的发展，它们可以被认为是罗和科特《拼贴城市》的好例子。在拼贴城市中，历史往往受到尊重并被建立起来，形成了连贯但有区别的城市形态

在《拼贴城市》中，我们可以看到持续使用的图形 – 地面平面图，一个看似简单的城市分析工具 [起源于吉安巴蒂斯塔·诺里（Giambattista Nolli）1748 年的罗马规划]，其中建筑被渲染成阴影图形，展现城市的地面、铺路、街道和公共广场。通过分析，图形与地面的比例可以在一个时间和另一个时间之间、一座城市和另一座城市之间进行比较，揭示现代主义从根本上改变了这种已建空间与未建空间的关系：罗强调的一些观点会给建筑环境带来灾难性的后果。

然而，罗并不是一个绝对主义者，并且会缓和他对解决观察到问题的诊断。事实上，他认为问题的产生是由于塔夫里所批评的同样的乌托邦思想，但是这样一种方法，这种公认的更加平等和民主的建筑以一种拼贴的方式与旧建筑并置，其所有的内涵意想不到的并置，可能是一个可行的解决方案。

罗认为建筑有伦理道德的一面，现代主义在其更具破坏性的方面也做了很多有益的事情。他强调我们可以同时拥有有序 / 无序二分法的两个极端；并且关键是共存而不是只有一个正确答案。

在"理想别墅的数学"一文中，罗通过一系列案例研究，特别是帕拉第奥（Palladio）的福斯卡里别墅（又称 Malcontenta）和勒·柯布西耶的斯坦因别墅（又称 Garches 别墅），探讨了几何在建筑中的作用。通过详细分析，罗认为柯布对《新建筑》（*New Architecture*）的主张是建立在对其前辈的详细了解基础上的，这与现代主义同过去决裂的主张形成了鲜明的对比。

罗宾·埃文斯

这种对表现的关注在罗宾·埃文斯的研究中得到了进一步的发展，他对建筑师使用的绘画实践很感兴趣。这样做的原因是将绘画过程理解为设计中使用的思维过程的重要支架；绘画的想法作为已经在头脑中完善的想法的呈现。

埃文斯在《从绘图到建筑物的翻译》（*Translations from Drawing to Building*）一书中以一种简洁的形式提出了这些想法，并发表了一篇题为"展开面，对18世纪绘画技法的短暂生命的一次调查"的文章。这篇文章考虑了一种好奇心，一个副牧师的蛋的绘画惯例，叫做section（截面）——但是不同于我们现在使用的横截面的缩写。这里描述的截面是一个平面，每一面内墙都向下折叠并呈立面状，与适当的平面边缘对齐。

有趣的是，这告诉我们很多关于当时设计师的关注点：室内空间、墙壁镶板和灰泥的详细造型、家具的摆放以及比例系统。研究了它被常规横截面取代的原因，但是埃文斯给我们讲述了一段建筑历史。这段历史不仅关注于图纸的制作，还关注了封闭的街道。那些没有流传下来的做法，揭示了那个时代和那个地方的主导思想。

随着机械制图表、丁字尺、铅笔和墨水的使用相对减少，考虑当今建筑表现形式的快速变化是很有意义的。计算机辅助设计（CAD）的程序包和应用程序也发展得比较快，在适当的时候，它们无疑会被另一种形式的表现形式所取代。

从这种被抛弃的表现形式中可以学到很多东西：它对当代建筑师有借鉴意义，尤其是它明确了设计师的首要任务是什么。那么以参数为导向的建筑师与犀牛参数化（Grasshopper）合作的重点是什么？或者建筑信息模型（BIM）通过建模软件（Revit）的影响是什么？它们是更合适还是更不合适？历史背景的距离，使我们能够更好地批评自己的实践。正如埃文斯在《投射之模》（*The Projective Cast*）一书中所写的那样，他在书中阐述了建筑学的三种独特的几何形状。

地基的工作就是坚如磐石。它应该是惰性的。死物比活物容易处理；它们可能不那么有趣，但起码不那么麻烦。从建筑师寻求坚固和稳定的观点来看，最好的几何肯定是一个死的几何体，也许，总的来说，这就是建筑的构成。我所说的死几何是指不再从内部发展的几何的一个方面。

在这项研究中，几何思维的发展和理解在建筑生产中表现得很活跃；决定性的而不是由建筑师的意志决定的。理解几何作为理解空间的系统是关键，一旦问题从这个角度考虑，它与建筑学的直接关联就显而易见了。

约瑟夫·里克沃特

约瑟夫·里克沃特是一位有影响力的、深入研究西方建筑起源神话的建筑评论家和历史学家。《亚当之家》（*On Adam's House in Paradise*）一书基于对"原始"棚屋结构的概念在历史上对建筑想象力的理解，形成了一种理解。这个棚屋是人类从自然景观中寻求庇护的地方，并开始故意操纵环境以提供庇护。

然而，寻求这一起源的目的并不是要找到单一的点来衡量所有的进展：里克沃特试图理解什么是建筑学科的基础——在世界上不同的历史交叉中，最强有力的居住概念是什么？为什么理解起源如此重要呢？对此有什么主张？

左图 原始棚屋类型也在欧洲以外的地方被发现。例如，在桂离宫中就发现了这种矫揉造作的风格，这是对农民建筑的刻意引用

对于最初的房子最重要的主张是因为棚屋是第一个，它也是我们"正确"的生活方式：它有一定的精神或道德权威。里克沃特追溯了影响建筑学思想的历史——不是建筑或作品本身，而是使它们形成的潜在信仰系统。这是一个与按年代顺序和将建筑简单地分类为风格和运动截然不同的项目；它不是艺术史上枯燥无味的作品，在这个作品中，经典被确立，作品被评价为或多或少代表了个人的全部作品。因此，原始住宅的想法可以追溯到现存最古老的关于建筑的书面作品——维特鲁威（Vitruvius）的《建筑十书》（*De Architectura*）。这些所谓的原始棚屋的记载背后有一种历史冲动：

> 我在这篇文章中引用的建筑理论的作者直接或间接地承认了原始棚屋的相关性，因为它为所有关于建筑本质的思考提供了参考。当感到需要更新建筑时，这些构思就会加强。这种兴趣并不局限于推测：各种理论家试图在三维空间中重建这样一个棚屋，并展示建筑的"自然"形式；根据它们的光展示出自然、理性或神性。

里克沃特关心的是什么构成了建筑。其他重要的标题还包括《柱式之舞》（*The Dancing Column*），他在其中探讨了人体在古典秩序中的隐喻。这种丰富的象征主义使得建筑可以被解释为植根于人类，如果是这样的话，里克沃特提出了一个问题：以这种方式建造意味着什么。在后来的作品《慧眼》（*The Judicious Eye*）中，他把建筑视为一种视觉艺术；一项最近才被推翻的惯例将建筑与绘画、雕塑归为一类。我们究竟该如何定义建筑学科呢？里克沃特通过借鉴历史，构建了一个将建筑身份视为偶然而不是固定和最终的轨迹。

尼古拉斯·佩夫斯纳

佩夫斯纳通常被称为他以"英国建筑物"为标题发起并一次出版一个郡的一系列地名录的简写。该系列已经扩展到包括苏格兰建筑、威尔士建筑和爱尔兰建筑，以及佩夫斯纳城市指南。这些是关于给定场所的建筑权威指南，非常有助于作为你调查给定语境的起点。

这个系列的完整性需要一种更依赖于事实和详细描述的方法，而不是在建筑历史的背景下对每个建筑的位置进行批判性的分析或评估。这

不是失败，而是必须接受的出版物质
量。这个系列今天继续以不同的作者
和编辑身份更新，但在很大程度上保
持了佩夫斯纳的原始格式。

　　佩夫斯纳是一位历史学家，他的
研究范围超出了这个项目。他的主要
著作包括《欧洲建筑纲要》（*An Outline
of European Architecture*）、《视觉规划
和诗情画意》（*Visual Planning and the
Picturesque*）。佩夫斯纳属于艺术史传

上图　罗马圣彼得大教
堂的柱廊，表明了圆柱
对西方建筑的重要性

统，他最早是以艺术史讲师的身份从事教学工作的。他把建筑史视为这
门学科的一个分支，而不是一个单独的学科。他著名而有影响的言论是"自
行车棚是一栋房屋（building），林肯大教堂是一座建筑（architecture）"。

　　这句精辟的话意义重大：确定什么属于建筑的范畴是所有建筑师在他
们的职业生涯不同阶段都会努力解决的问题。是否有可能定义什么属于建
筑，它甚至是一个较小的类别，还是仅仅符合一套不同的标准？

　　这说明了一个更大的问题，那就是建筑的相关性：佩夫斯纳把它定
义为一栋房屋，是在说没有什么可以从中学到的，它是不重要的。佩夫
斯纳作为艺术历史学家的背景，在他对这一区别的阐述中显现出来："建
筑（architecture）这个词，只适用于那些为了美观而设计的建筑。"

　　这个偏见是有趣的，但是是有问题的。有多少人会同意这一点？如
果不同意，房屋和建筑之间的界线在哪里？当我们看到自行车和保护性
的摇摇晃晃的棚屋并置成为一道美丽的风景时，即使是偶然，自行车棚
也会成为建筑吗？

案例研究：建筑宣言

　　这个案例研究探索了一段非常具体的建筑史：由 20 世纪先锋派创作
的关于建筑意图的文献。从宣言到议程，再到立场声明，最后到方法，这
一进程表明该宣言因过度说教而失宠，但古典主义、浪漫主义和现代交
替时期的断裂，留下了建筑师用他们的作品来表达自己的遗产。

在关注建筑师的许多特许状和文件之前，需要对艺术宣言有更广泛的历史了解。建筑历史要求表明立场，有自己的观点，并准备好为之辩护。这里的建筑不仅仅是房屋。这些文档要求建筑师描述建筑是关于什么的。

下面的叙述给出了相互矛盾的建筑描述：有时是直接地、激烈地对立；其他时候只有在更充分地询问含义和推理之后。基于对日常社会和经济生活事实的态度立场可能是政治的；可能是美学的，考虑建筑应该采取什么形式；它可能是一个过程，一种实践，一种做建筑的方式。这可能是所有这些事情。

这是一部尖锐而充满活力的历史，充满争议和争论，充满激情，并以对我们周围世界的个人诠释为基础。这里的重点是带有小"p"的政治——与城市环境的日常接触，而不是政党政治。可以向左或向右对齐；可以不理会这些20世纪的反对意见，也可以听取他们的意见。

议程必须是"了解"和"有知识的"，相关和可实现的。它要求定义世界的状况，并陈述对这种状况的立场。作为一名建筑师，能做什么？建筑的限制是什么？

剖析宣言
公开意向声明。
问题定义。
解决方案建议。
产生它的手段。

宣言通常是由团体而不是个人发布的，但在最基本的层面上，宣言的词源来自拉丁语的"manifestum"，其定义是使某事清晰、明显或引人注目。通常情况下，宣言有政治目的，如果大致勾勒的话，宣言没有宗教目的。艺术和建筑中宣言的使用反映了空间政治性质的转变，同时也反映了现代主义的出现。

确定问题
世界有什么问题？宣言将建筑师和艺术家置于当今世界的背景中。这通常被定义为寻找解决方案的问题。这可能和缺乏足够的、负担得起的住房一样简单。然而，这导致了许多不同方向的宣言。仅仅陈述问题是不够的，必须定义解决问题的方法。

定义解决方案

打算怎样解决这个问题？所需的资源是什么，如何表达优先级？

采取立场

为什么会选择这个解决方案？

为你的立场辩护。

你真正感兴趣的是什么？

什么对你是重要的？

作为一名建筑师，你想做什么？

你想改变什么？

你是谁，我们为什么也要关心？

我们为什么要接受把你的意志强加给这个世界呢？

宣言、议程、立场、方法

本案例研究中的每一个运转和议程都是根据上述矩阵进行度量的。这是理解每个运转陈述内容的方式。它是同时表示这四种情况，还是只表示两种或三种情况？因此，这四个术语需要有效定义。

"宣言"被理解为公开声明，也就是发起组之外的某个成员可能接收并订阅。宣言应该吸引追随者，而不是只与那些写宣言的人有关。第二个是"议程"。这可以是隐藏的，也可以是明确的，并涉及宣言更广泛的目标。声明中是否有明确的议程，比如有利于工人的政治动机，以促进在先锋艺术运动中流行的早期共产主义理想？这往往是不言而喻的,但可以采取一种"立场"来解释为什么这在政治上或艺术上是重要的。在这方面的陈词滥调，把这句话定位为现实世界中占有一席之地，而不是作为一个独特的艺术对象或历史上一致的建筑类别。这是该声明的立场：解释原因。许多宣言跳过了这一点，写得如此热情以至于认为这是不言而喻的。最后是"方法"：实现这一目标的手段是什么？在艺术的例子中，可能会有一种走向摄影现实主义或走向抽象的趋势。在建筑中，可能会考虑材料、生产方式、经济或其他实现效果的方法。许多宣言和立场声明也跳过了这一点，让拥护者自己去解释；同样，提出的一些方法被认为是中立的，更倾向于政治方面的声明。

篇幅有限，这里只讨论一个案例，所以考虑我们这个时代最重要的建筑实例之一似乎是合适的：勒·柯布西耶极具影响力的《走向新建筑》（*Towards a New Architecture*）。

其他考虑的例子包括：

勒·柯布西耶的模度（Modulor）：比例系统作为宣言。

风格派（De Stijl）：艺术成为生活，消除了艺术之间、生活和艺术之间的差别。

雅典宪章（Athens Charter）：为国际现代建筑协会（CIAM）和国际风格奠定基础。

超级工作室（Superstudio）：连续纪念碑——宣言讽刺、批判命题。

建筑电讯派（Archigram）：进一步原型，建筑上的科幻实证主义。

塞德里克·普赖斯（Cedric Price）：质疑建筑的本质，建筑是做什么用的？

情境主义国际组织（Constant and the Situationist International）：激进的政治和建筑。

勒·柯布西耶和原型

宣言、议程、立场、方法

《走向新建筑》是现代运动的重要文献，它将勒·柯布西耶的建筑理论用通俗易懂的语言表达了出来，其中很多内容都是现代主义建筑发展的典范。然而，文本中使用的关键策略本身很有趣，因为它具有悠久的历史，并且对于当今的建筑具有持久的实用性。模型或原型是理解和开发建筑的一种实用方法。

柯布西耶首先阐述了工业建筑的重要性，它既实用又没有装饰：这是不轻浮的建筑。在码头、粮仓、工厂和仓库的闸门上，有一种高贵的气质。这是有抱负的模式：柯布西耶希望建筑也能如此简单而高贵地将功能转化为形式，雕塑的特质源自必然性。

论文分为三个对建筑师的"提醒":

体量(mass)

表皮(surface)

平面(plan)

柯布西耶提出的新建筑可以从三个方面来定义。这些不是那么简单的:这三个方面是建筑的基础,没有它们就不可能想到建筑。没有体量,还能有建筑吗?有可能有没有表皮的建筑吗?没有平面是可以想象的吗?

体量是第一个提醒,说明建筑师已经忘记了这个概念。这是宣言的另一个策略:去恢复我们失去的一些状况。柯布西耶所提出的提醒,同时将"新"建筑置于历史的脉络中,并与之对立。

体量是由谷物升降机表现出来的——大型单片式工业建筑物的例子,通常以曲线形式出现;巨大的砖砌建筑的纯粹形式正是柯布西耶感兴趣的地方,是体量概念的原型。

体量意味着重量的、可塑的(在这个意义上,雕塑通常被描述为一种可塑的艺术,而不是人造的石化物质)形式,通过光在其上面的作用而显现出来的。照明条件、观看条件和几何图形之间存在着联系,以刺激眼睛。柯布西耶的原型有一种直观性:规模当然也是这些建筑英雄主义的一个因素,但这些都是不容置疑的建筑,预示着野兽派建筑后来在现代主义话语中出现。

表皮与柯布西耶的几何形状相似。他提出了"引导和生成线条"的概念,并对居住在其表皮建筑的个性给予了有趣的认可,其他现代主义者[如阿道夫·路斯(Adolf Loos)所著的《装饰与罪恶》]可能会断然拒绝某种危险的、接近装饰的东西。工厂建筑回归了,但如此平凡的建筑与文艺复兴时期布拉曼特风格的建筑相比,在当时对一些人来说是异端邪说。

这里有一些奇妙的术语:"指控线"的概念是一个短语,它表明了柯布西耶在头脑冷静的功能主义中的一点诗意。一条线指控什么?它会揭示什么罪行?

三个提醒中的第三个是平面,被概念化为"发电机"。诗意与秩序、结构与法律一道牢牢地嵌入柯布西耶的思想之中。平面是感官的根源,是感知体验的根源。

下图 正如柯布西耶在宣言中所讨论的,这个简仓在杜塞多夫展现了体量特征

右图　工业建筑的庆典
在诸如红点设计博物馆
这样的建筑中延续，红
点设计博物馆位于德国
关税同盟（Zollverein）
煤矿综合体的一个废
弃煤矿里。由福斯特
建筑事务所（Foster +
Partners）设计的画廊在
生锈废弃工厂背景下布
置经典设计作品

这是非常重要的声明，值得深入探讨。平面形式作为一组空间关系，不
仅仅是视觉表现，更是经验序列的安排和设置。某些序列在平面中是允
许的，而其他序列对我们来说是不可用的。平面控制着我们通过框架看
到的东西；我们听到了什么？怎么听到的？我们闻到了什么？尝到了什
么？感受到了什么？总是在什么时候？

　　柯布西耶在这里的范例是著名的古典主义——圣索菲亚卫城——但
都是联想而来的，他试图将这些平面与它们所代表的建筑风格区分开来：
"这个平面本身就带有强烈的感情色彩。"

　　勒·柯布西耶对这句话的重复带有咒语的份量。在引用了这些古老
的例子之后，他继续指出，平面在过去的100年里被忽视了：再一次，
他采用一种同时将他的近在咫尺的历史背景化并彻底否定的策略。前进
的道路将以必要性、统计、计算和几何学为基础。

　　下一部分以"看不见的眼睛"（Eyes That Do Not See）为标题，展示
了三个明显代表1920年代前沿技术的当代原型。这种对风格的抨击实
际上是反对早期盛行古典主义和浪漫主义的美术风格，它是根据出版的
书籍、既定的或经过反复试验的计划和一系列的细节设计而形成的：标
准化的响应主要是通过手工工艺实现的。柯布西耶反对这些"党派"，
并试图建立自己的系统以适应他的时代——建筑产业化生产。

　　在这里提出了三个期望：

远洋客轮

汽车

飞机

正确表述问题的概念与当时盛行的哲学有着共同的根源，尤其是亨利·柏格森（Henri Bergson）的哲学。柏格森对解决问题的本质提出了许多见解。在正确地表述一个问题时，他认为科学的或思辨的问题是可以解决的，只要这个问题的解决方案是可行的，或者这个问题的正确表述是固有的。我们被提醒到："可能性只是现实，加上心智行为，一旦它被实施，它的形象就会回到过去。"

我们想象发生的一切都可以被任何有充分了解的头脑预见到，并且以想法的形式存在于实现之前；就艺术作品而言，这是一个荒谬的概念，因为音乐家一旦有了他要创作的交响乐的精确而完整的想法，他的交响乐就完成了。

这是在这方面，柏格森发现了更多的兴趣：抵制这种可能性的创造性问题，迫使我们寻求一种依赖于时间的解决方案。也就是说，过程必须经过一段时间。

"住宅是居住的机器。"

上面这句话是柯布西耶最著名的格言。这是他确立议程的操作：考虑到它可以被建筑采用的条件，对原型进行了调整。我们有三个工程壮举可以被视为一个类别——非常成功的机器形式。这种共同性使得柯布西耶在他的宣言形成实践中，为所有三种原型找到一个共同的根：机器。在这种情况下,建筑应该是什么样的机器呢？答案是一个"居住"的机器。

柯布西耶的过程是对原型的诠释：远洋客轮配件的流线型触感，汽车生产线的精密零件制造，以及让飞机起飞所需的极端外形条件。这些都是现代的例子，在设计的每一个尺度上，从工程到夹具和配件，都被认为是完整的作品，由一组指定的参数组成或符合这些参数。这就是柯布西耶希望建筑所遵循的模式。

像这样研究目的是揭示宣言的历史运作，是一个取决于时代的关注的过程，并且今天继续为建筑师提供信息。今天的职权范围更多的是与可持续性和数字设计有关，但是这与现代主义者的干预一样具有争议性。对历史宣言的理解使我们以一种更有见识的方式处理今天产生的这些文件成为可能。

新德国国会大厦，柏林。诺
曼·福斯特，1992-1999

第11章
空间中的政治

这种带有政治色彩的空间乍一看可能是完全自然的，也可能是绝对荒谬的。就建筑环境的政治而言，社会学家亨利·列斐伏尔（Henn Lefebvre）通常被认为是形成讨论的基础。

列斐伏尔对于城市思考的核心概念是"城市权利"，也就是社会中的任何成员都可以获得城市所提供的东西。这强调了对建筑学做出贡献的最重要的学科之一：对空间中的政治和空间中的权力关系含义的理解。

列斐伏尔的方法通过考虑城市的建立机制使城市的观点变得复杂，这些机制在很大程度上是为了既得利益而建立的，无论是历史背景下的教会或贵族，还是当代商品化的商业过程。建筑物可以说是对人施加力量。这种过度的代理可以起到有效的作用，空间的正确运作需要一定形式的行为才能发挥作用。例如图书馆、法院或演讲厅。然而当这些限制开始扩展到这个领域之外时，问题就开始出现了。

最近的事件证明了在一个地方存在的简单力量：在阿拉伯之春，占领运动以及走上街头抗议的悠久传统。存在于空间的简单事实在政治上具有重大意义，特别是当这与既定权威的需求和欲望相违背时，无论是政权还是经济结构。

我们与空间中的政治交往具有伦理意义。封闭式社区创造了多样性有限的空间，购物中心用受控环境取代了真正的公共空间，其中唯一允许的活动就是消费。与其采用单一的方法，参与政治的研究可以利用一系列或多种方法，但治理、金融和商业对城市的控制的影响为建筑学研究提供了肥沃的土壤。

本章总结了"易读文化"研究项目的研究成果。该项目考察了印度尼西亚雅加达市，以及那里人们的日常经验。

政治与建筑语言

1946 年，散文家乔治·奥威尔（George Orwell）在《政治与英语》（*Politics and the English Language*）一书中写道：

> 在我们这个时代，没有所谓的"远离政治"。所有的问题都是政治问题，而政治本身就是一堆谎言、逃避、愚蠢、仇恨和精神分裂。

推而广之，我们可以认为不存在与政治无关的行为，也不存在超越当今政治的建筑。建筑存在于广泛的利益网络中，从个人客户和建筑使用者，到地方规划控制和政府结构，再到决定材料、劳动力和土地成本的全球金融和商品市场。

上图　纽约的街头艺术。简单的行为可以使城市远离既得利益，而对财产的挑战之一就是涂鸦艺术的优势

建筑中的政治行为可以超出建筑实践规范模型所允许的范围之外，并向建筑师提出挑战，以考虑可能的替代系统，以及在何种程度上建筑物符合主导范式的约束。简单地说，政治是最无辜的行为，是无法避免的，因此建筑设计和施工等复杂、多方面的活动是一项根深蒂固的政治努力。

和其他文章一样，为了恢复英语，奥威尔给读者提供一些要避免的东西。这些同样适用于建筑师和研究人员：

"永远不要使用暗喻、明喻或其他在报纸上经常看到的修辞手法"。从建筑的保护主义和历史主义趋势来看，这在某种程度上有点挑衅（并且确实如此），但在提及旧的建筑形式时，可能需要仔细考虑：该结构元素暗示了什么，它与宗教或权力有什么联系，而你却不想与之联系？女像柱就是一个很好的例子。这些女性雕像装饰着古典建筑，象征着财富和奴隶的所有权。建筑师很可能会重新诠释当代建筑中的女像柱，但必须注意这些人物的遗产。奥威尔最初的观点也保留在建筑写作实践中。随着时间的推移，陈词滥调积累了太多的含义，以至于变得模糊不清，而新颖的比较或隐喻可以让语言焕然一新，让新的东西可以说出来。

"永远不要用长词代替短词"。许多作家倾向于把问题复杂化，他们会使用复杂的语言来给他们的研究或实践增添权威。虽然精确语言常常需要特定的术语，但说和写的简明扼要仍然是最佳实践。当考虑理论时，建筑师可能会陷入从其他学科（尤其是哲学）中借用行话，并陷入最终模糊而非揭示意义的文字游戏。这与运用的目的完全背道而驰。同样，在设计中，这种精心设计与巴洛克和洛可可等运动有关。值得记住的是，这些运动有着明确的意识形态和政治目的：反改革。我们必须理解这种精心设计的语言作为一种魅力形式的含义。

"如果可以删掉一个单词，一定要删掉"。上面一个更极端的例子是询问是否有必要。这种更为完整的编辑形式要求在构建或写作时既经济又高效：这个词或特征是一种旨在产生特定光环的修饰，还是实际上对建立用户或读者有用？它是有用的还是可以交流的，还是多余的？这种审美热情的冗余确实说明了一些问题，你要避免无意中说出你实际上并不想表达的内容。

"当你可以使用主动语态时，切勿使用被动语态。"又说到语言，这要求手段的直接、清晰和明显。这也可以指研究和建筑设计本身。当写关于建筑的文章时，保持间接到什么都不说会更舒服。这是一个陷阱，可能是正念的一种，其中有公平和公正的意图，但请记住，一旦你所有的数据、证据和理论都考虑在内，重点是说些什么。你的田野调查和发现所提供的参考文献和文献可以让你对这个世界发表一些看法，但仔细的研究往往会让研究人员陷入胆怯。

"如果你能想到与日常英语相当的词语，千万不要使用外来词、科学词汇或行话"。奥威尔对英语语言的关注不是还原，而是对他的主要思想进一步延伸：你必须直截了当，避免使用复杂的短语来伪装或试图迷惑读者。通过大量使用行话来验证自己的研究是一种懒惰的做法，而且往往表明研究在日常生活中的实际应用还没有经过深思熟虑。

"早点打破这些规则中的任何一条，而不是说出任何野蛮的言论"。与所有事情一样，退出条款可能很有用，奥威尔认识到任何指导都可能

下图　建筑中的权利表达：(a) 威斯敏斯特宫；(b) 柏林国会大厦，诺曼·福斯特在国际竞争后脱离了语境；(c) 克罗伊登的卢纳尔大楼（Lunar House）（入境事务处理中心）；(d) 由韩国 iArc Architects 建筑事务所设计的新首尔市政厅，主导着旧的日本殖民政府总部

导致滥用——或野蛮的声明。毕竟，这些规则并不是产生具有政治智慧的辩论的公式，野蛮的思想仍然可以用简单、直接的语言表达出来（尽管奥威尔在整篇文章中指出委婉语和误导是用来掩盖真正的野蛮行为的）。

　　这些对语言的限制是为了鼓励人们考虑政治上的言论，无论是在书面研究中，还是在建筑学"语言"中。这是一个有争议的观点，但很有帮助：建筑物可以具有一定的意义，而你对如何建造的选择确实说明了你的意图。

(a)

(b)

(c)

(d)

城市权利

　　亨利·列斐伏尔将城市权利 [后来被包括戴维·哈维（David Harvey）
在内的理论家所采纳和阐述] 以及"空间的社会生产"引入了建筑思想。
列斐伏尔的作品通常直接针对建筑和城市主义，讨论建筑环境是如何疏
远人们。疏远的这一关键过程是一个政治过程，列斐伏尔利用这个过程
使我们与日常生活的关系复杂化和问题化。这种"日常生活"的想法对
建筑来说至关重要（尽管建筑媒体可能更愿意讨论壮观和非凡的建筑），
因为它既涉及日常生活，也在一定程度上引导和控制日常生活的方方面
面。这源于法国马克思主义思想的发展背景，超越了 20 世纪极端政治
戏剧背景下对资产阶级批判的假设回归。

　　　　现代技术以非凡的方式渗透到日常生活中，从而将"不均衡的
　　发展"引入了这个落后的领域，这是我们时代各个方面的特征。"理
　　想家园"的辉煌发展构成了最重要的社会学事实，但绝不能让它们
　　在技术细节的积累之下掩盖真实社会过程的矛盾特征。

　　列斐伏尔给出了一些有说服力的理发师的例子，他们利用时尚杂
志和名人文化的机制来证明他们想以某种特定的方式理发的愿望是合理
的，或者新形式的厨房的存在甚至损害了生活的其他方面：新的社会需
求取代了真正的生活必需品，并常常使之黯然。我们认为理所当然的事
情是社会过程，需要批判。

　　关于空间的生产，列斐伏尔强调了"生产"方面：

　　　　无论是在历史上还是在社会上，没有任何事情是不需要实现
　　和生产的。"自然"本身，正如在社会生活中被感官所理解的那样，
　　是经过改造的，因此在某种意义上被生产出来。人类已经产生了法
　　律、政治、宗教、艺术和哲学形式。广义的生产是指作品的多样性
　　和形式的多样性，甚至是不带有生产者或生产过程印记的形式。

　　这种生产的过程是一种社会的、合作的关系。它是通过关系和我们

彼此之间的互动来调节的，与笛卡儿的空间抽象概念（一组坐标和几何图形）相反。

这最终形成了列斐伏尔最具影响力的思想：城市权利，即城市被视为我们所有人（公民）都有权享有的资源和机遇。用这些绝对的术语来表达它是很有趣的，因为它再次将城市呈现为一个社会生产的空间，并表明存在阻止人们利用它和参与它的过程。

景观社会

与列斐伏尔思想相对的是居伊·德波（Guy Debord）的《景观社会》（*The Society of the Spectacle*）。在处理许多相同的问题时，这一批判有微妙的不同，它认为当代城市环境的景观本质本身就是有问题的，并且可以通过简单的方式来颠覆，例如通过以情境主义"推导"或"漂移"所建议的方式步行来使用或占用城市的替代方式。

　　资本主义生产制度有统一的空间，打破了一个社会与另一个社会之间的界限。这种统一也是一种既广泛又深入的琐碎化过程。

下图　占用空间可以是积极的，也可以是消极的，比如密斯·凡·德罗（Mies van der Rohe）的西格拉姆大厦（Seagram Building）前广场的日常占用，或者电影摄制组对纽约街道的要求，使空间商品化，并剥夺普通用户的一些权利。同样，每年8月爱丁堡的音乐节表明，侵占行为可能同时是反文化和主流的，这常常令城市居民懊恼

《景观社会》是一场已经被证明对建筑思维有影响的论战，即使它并不直接适用。像许多此类文本一样，它提出了正确的问题，但没有规定建筑师应该采取什么行动。事实上，建筑师的作品与德波有关的情境主义者 [他的单数名称为康斯坦丁（Constant）] 关系最为密切，这些作品是巨型的超现代主义乌托邦，它们与通过替代性占领和居住模式夺回城市的想法有些许关系。

德波对城市主义的批判使整个城市设计和建筑活动政治化。

> 以往所有时期，建筑创新都只服务于统治阶级：现在第一次出现了专门为穷人设计的新建筑。形式上的贫穷和这种住房新体验的广泛扩展都是其大众特征的结果，它同时由其最终目的和现代建筑条件决定。在这些条件的核心处，我们自然会发现一个"专制的决策过程"，该过程将任何环境抽象地发展为抽象环境。

这类似于列斐伏尔的"异化"过程，即日常生活与诗意或精神生活之间的联系被切断。这一时期的许多作家都在为与抽象的几何空间概念，

左图和上图 巴黎拱廊或者说通道，是德波描述景观空间的原型

上图 政治建筑往往求助于乌托邦的概念，这是经常尝试和讨论的。一些替代方案包括摩西·萨夫迪（Moshe Safdie）的 Habitat，它使用了以独特方式排列的自相似单元，以及理查德·罗杰斯（Richard Rogers）的高科技伦敦劳埃德大厦（Lloyd's of London）的技术乌托邦

中图和下图 马德里屠宰场（Matadero）试图为马德里人民创造灵活的艺术空间和企业孵化器，而不是旅游景点。它包括音乐排练和制作设施、电影院、画廊、档案馆以及一个公共广场，带有可移动的单元，用于遮阳、就座和沉思

以及它如何与通常被描述为场所的占用空间相结合而苦苦挣扎。这些立场要求你考虑该学科的本质及其对人的影响。建筑的政治结果是什么？这能通过占用不同的空间来颠覆吗？

案例研究："易读文化"

"易读文化"（Cultures of Legibility）研究项目是在斯蒂芬·凯恩斯（Stephen Cairns）教授的领导下，由爱丁堡大学和印度尼西亚国立大学合作完成的。它试图通过一系列采访和绘图来了解雅加达市。这个项目的大部分政治都是日常生活的意义上，把列斐伏尔对这一点的关注看作是一种批判。该项目的主要贡献之一是考虑以对各种居民的生活做出反应的方式绘制城市地图的重要性。

该项目贯穿整个城市的西部，其中包括各种不同的设施，如豪华住宅小区、"甘榜"（马来语 kampung）聚落、高尔夫俱乐部、购物中心、科技园、稻田以及国际机场。

印尼国立大学的研究生们进行了一系列的采访。第一种访谈法包括视频访谈和思维导图练习，该方法借鉴了彼得·古尔德（Peter Gould）、罗德尼·怀特（Rodney White）以及凯文·林奇（Kevin Lynch）的方法。第二种访谈法是更广泛的调查，通过严格控制的问卷完成。这些详细的访谈对这座城市产生了一系列不同的理解，从了解整个城市路线的出租车司机到很少离开自己住所的乡村长者。在这些极点之间，人们习惯了前往城市其他地方的路线。

林奇在《城市意象》一书中提出的方法受到了雅加达市的挑战。书中调查了一些北美城市——最著名的是波士顿——可以从它们的视觉形象来理解，这些城市有着明确的邻里关系、贯穿城市的路线层次以及丰富的公共空间作为节点。该研究项目的假设是，林奇的"意象性"模型在雅加达快速城市化的情况下被打破。这个案例比林奇的要复杂一些，结果是对林奇的方法进行了改进和修改，而不是完全拒绝林奇的方法。

通过将受访者的心理地图转换成林奇的象征主义，可以清楚地看到地标等方面在原系统中主要是视觉项目，但可以通过其他方式感受到它们的存在。最有趣的变化之一是地标的时间性。某些事件，如交通堵塞

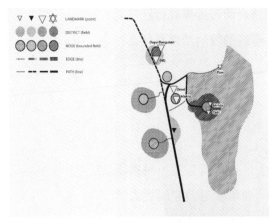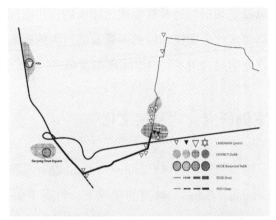

上图 每一个受访者重新绘制和编码的心理地图

右图 这些照片描绘了在选定的雅加达市中发现的各种情况

或非法公路比赛，这两种情况经常发生，足以构成地标。"即使赋予它们如此重要意义的事件没有发生"，这些地点也可以被用来导航。它们的存在是社会产生的，而不是肉眼可见的，因此雅加达的导航结构与波士顿的导航结构有本质不同。

这项研究的意义与纪录片制作的早期实验并无不同。在纪录片制作中，约翰·格里尔森（John Grierson）等制片人试图通过在电影中讲述他们的故事，或者让他们现身并讲述自己的故事，从而让英国电影业的工人发声。这是一种让人们参与研究的方式，并直接询问他们对空间的感受。与官方规划机构提供的资料相比，这种材料提供了一个实质上更微妙的城市版本，因为它考虑了临时的、非法的、不正当的、越界的空间使用——对于这座城市的居民来说，其中许多都是合法的机会，他们可以说比那些有围墙的住宅和高尔夫俱乐部的土绅化改造拥有更大的权利。

因此，建筑学研究可以有更明确的议程，例如保护社区资产。评估边缘化人群的设计需求和偏好，或者提出从明确社会产生的临时和非正式建筑中学习的建议。

上图 最后一张地图，整理了 100 名受访者对这个城市的体验

这是一个例子，它使位于爱丁堡的苏格兰皇家学院鸭子和装饰小屋的模型复杂化，为安迪·沃霍尔的展览做准备

第12章
哲学、现象学和空间体验

与建筑学最相关的哲学探究形式之一是现象学，它探索了存在的基本概念。它的两个分支一个是马丁·海德格尔（Martin Heidegger）所探讨的存在与居住的关系，另一个是莫理斯·梅洛·庞蒂（Maurice Merleau-Ponty）所描述的感知现象学。

本章在描述如何运用这些理论的同时，旨在作为如何将哲学概念应用于建筑学的例子。一段时间以来，这一直是研究的丰富内容，这些理论可以用来以严谨、深思熟虑的方式构建研究。这一章的结尾是我自己的一些关于"感官都市主义"和"感官符号"的研究，它们受到了现象学的强烈影响。

哲学应用于建筑学

哲学对建筑学的影响由来已久，一直延续至今。作为建筑学理论的基础，哲学代表了一种连贯的系统化思维，这种思维倾向于解决生活中的基本问题，往往是从具体事例中抽象出问题。然而，这正是建筑理论变得有用的地方，因为它解释并解决了这些对建筑环境的关注。

一些关键的理论在建筑学争论中一直都很重要，而哲学的好处之一就是它很少会过时：一个更古老的理论总有新的应用或变化，通常可以追溯到很久以前。

但是，必须注意避免含糊不清的趋势。因为在这种情况下，论点变成了自我参照和完全封闭。这否定了建筑哲学探索的意义，成为一种纯粹修辞的逻辑游戏或练习,而不是允许对现有建筑的新理解,或在设计上的创新。

这两个感兴趣的领域相互作用的两种模型很明确:指导我们讨论建筑和建筑师工作的哲学,以及指导建筑设计的哲学。另外,哲学可能来源于建筑。作为哲学与现存建筑之间关系的一种变化,然而,第三种比较少见。

建筑学语言分类

语言长期以来一直对哲学着迷。在 20 世纪的一段时间里,符号学理论在热衷于探索建筑能够传达意义这一理念的建筑师中占据主导地位。这个理论最引人入胜的版本之一可以在罗伯特·文丘里(Robert Venturi)、丹尼斯·斯科特·布朗(Denise Scott Brown)和史蒂芬·伊泽诺(Steven Izenour)开创性著作《向拉斯韦加斯学习》(*Learning from Las Vegas*)中找到。在这本书中,它认为,长期以来对拉斯韦加斯大道等商业建筑不屑一顾的建筑,实际上应该把注意力转向与之交流的直接方式。

在绘制拉斯韦加斯大道和其他美国本土建筑的结构图时,作者确定了两个关键的操作:鸭子和装饰小屋。鸭子是以纽约长岛路边一家出售鸭肉和鸭蛋的小店命名的。二者之间的联系显而易见,这个像鸭子的东西也提供熟鸭子。文丘里等人进一步论述,所有的建筑都有不必要的繁文缛节,其中沉重的象征意义压倒了设计的其他方面,可以归类为鸭子。故意玩弄这种荒谬是论证中的一部分,作者声称建筑(住宅示意图)、标志(单词)和符号(眼睛)之间的关系可以表达为一种连续的可能性,包括集市、中世纪街道、大教堂和凯旋门。对符号学的批判和理解在建筑学中形成了奇怪的同盟,迫使从完全不同的角度去思考相关的建筑。

下图 这是一个例子,它使爱丁堡的苏格兰皇家学院的鸭子和装饰小屋的模型变得复杂,为安迪·沃霍尔(Andy Warhol)展览做准备

鸭子:建筑作为标志

"空间、结构和程序的建筑系统被整体的象征形式

所淹没和扭曲。"

装饰小屋：大标志，小建筑

"空间和结构系统直接服务于程序，而装饰则独立于它们。"

通过照片、地图、绘画和图表对拉斯韦加斯大道进行分类，绘制从高速公路上可见的文字、建筑空间和停车场之间的关系、照明水平等进行批判。这种对意义的探索导致了另一种"顺序"，可以追溯到经典的比例系统：

> 拉斯韦加斯大道的顺序包括；它包括各个层面，从看似不协调的土地用途的混合，到看似不协调的广告媒体的混合，以及胡桃木贴面的新有机或新赖特式餐厅图案系统的混合。这不是由专家主导的命令，而且看起来很容易。移动身体中移动的眼睛必须努力辨别和解释各种变化的、并列的顺序，就像维克多·维塞利（Victor Vesely）画中不断变化的配置一样。

我们可以在文丘里和斯科特·布朗随后的建筑中看到这种思考的结果，早期的后现代主义建筑运动认识到建筑承载意义的必要性。这是通过各种手段实现的，包括引用历史，有时是夸张的或开玩笑的，有时是更微妙的和经过深思熟虑的，但讽刺的指责一直困扰这场运动，这是一种通常不公平的批评，认为参与其中的建筑师没有能力真正使用历史主题和形式。

伯纳德·屈米（Bernard Tschumi）作为建筑理论家的全部作品在他正在进行的研究建筑学中程序和功能概念的项目中，将它们定义为创造性行为。

当面对艺术项目时，建筑师可以：

左图 赫尔佐格与德梅隆（Herzog & De Meuron）为马德里卡伊莎中心对一栋旧建筑的干预等复杂事件显示了建筑语言类比的一些潜力和复杂性

a. 设计精湛的建筑，富有灵感的建筑姿态（构图）；

b. 利用已经存在的内容，填补空白，完成文本，在页边空白处涂鸦（补充）；

c. 通过批判性地分析之前的历史层次来解构现存的事物，甚至添加来自其他地方的其他层次——来自其他城市，其他公园（翻版）；

d. 寻找中介——在场地（以及所有给定的约束条件）和其他概念之间进行协调的抽象系统，超越城市或项目（中介）。

在许多方面，实际的"符号"可以被认为是任意的：它可以是任何具有特定意义的事物，只要它通过约定的系统进行交流。索绪尔符号学的基本框架如下，它描述了交流依赖能指与所指的对应的方式——我们必须同意一个给定的词表示这个特定的事物：

下图 伯纳德·屈米的巴黎拉维莱特项目

所指（Signified）：事物本身——被传达的对象或概念。

能指（Signifier）：沟通的方式，无论是文字还是视觉符号。

符号（Sign）：能指与所指的结合是产生符号的必要条件。这代表了一次成功的交流——能指与信息接收者心中所指的事物相对应。

然而，出于对德里达（Derrida）等作家的回应，屈米被鼓励在建筑中进一步发挥意义和交流的理念。关于他的第一个主要任务，巴黎拉维莱特公园的项目，屈米写道：

因此，拉维莱特的目标是一种毫无意义的建筑，一个能指而不是所指的建筑——纯粹是语言的痕迹或游戏……拒绝固定性的效果不是无意义，而是语义多元化。

通过这种方式，屈米发展了一种解构主义建筑，其中的意义不是绝对的，而是开放和多元的。这与罗兰·巴特（Roland Barthes）和翁贝托·艾柯（Umberto Eco）等作家产生了共鸣，他们正在摆脱旧的意义和传播模式的稳定性，转向更偶然和更多变的思想。屈米的创新之处在于他超越了"作者之死"这一命题，转向对开放作品的蓄意利用：一个抵制意义清晰的建筑。

住所与空间存在

海德格尔的哲学思想一直是建筑师的兴趣所在。作为一位考虑居住的重要性以及人与工具或技术之间的互动作用的哲学家，他贡献了一系列作品，这些作品通常直接与建筑有关。

海德格尔在一个与世隔绝的森林小屋中写作，这个地方既是他思想的象征，也是他思想的脉络。这与海德格尔的哲学是一致的，即我们思考和写作的环境是非常重要的，这个有着森林和山川的小屋，其规模和雄心都不大，使海德格尔头脑清晰的思考世界。建筑理论家亚当·沙尔（Adam shav）严谨地探索了地点和思想之间的这种不可分割性。

海德格尔的一个重要主题是"构建住宅思维"。在这里面提到了天、地、人和神四个方面。这是一个复杂的概念，但这四部分基本上代表了海德格尔认为这是思想所必需的世界的各个方面。

海德格尔表达了关于居住的一些原始和基本的东西，它的意义不仅限于居住在一个地方，而是延伸到舒适和温馨的概念，以及维持一个家的时间性：这不是一种静止的状态，而是必须通过各种实践来不断保持的状态。海德格尔在讲座中的研究问题随后变得清晰：

居住是什么？

建筑如何属于居住？

人可以居而不住，就像人可以居于办公室而不把它当成家一样。那么这些条件的区别是什么呢？其中一个问题（由亚当·沙尔提出）是建筑如何被提升为一门艺术，一个著名的类别，而这正是海德格尔偏爱"建筑"和"住宅"这两个更平淡的术语的根源。当要回答"居住是什么？"这个问题时，海德格尔回想起一个几乎神话般的黄金时代，当时一种更为"真实"的居住形式（基于他对这个人可能是什么样子的想象）允许与建筑物的实际建造相联系——一种在现代已经失去的基本联系。

体验和感知

海德格尔大体上属于现象学的哲学范畴，而其他现象学的方法也是可行的，比如莫里斯·梅洛·庞蒂（Maurice Merleau-Ponty）所追求的感知现象学。梅洛·庞蒂在其著作《感知现象学》（*The Phenomenology of Perception*）一书中将这一现象学描述为"一种描述，而不是解释或分析的问题。"

现象学是研究本质的学科；根据它，所有的问题都等于找到本质的定义：例如感知的本质，或意识的本质。但现象学也是一门哲学，它使本质重新存在，并且也不期望从人类和世界的真实性以外的任何其他出发点来理解人类和世界。

梅洛·庞蒂把"感觉"定义为感知的基本单位，这个单位与刺激是根本不同的，刺激是感觉的外因。我们在追求建筑的感官体验时，处理的是感觉而不是刺激。主观的感知，而不是现实中存在的客观事物为所有人服务。

当一个物体的大小随着距离的变化而变化，或者它的颜色随着我们对该物体的回忆而变化时，我们可以认识到，感官过程并非不受中枢影响。因此，在这种情况下，"明智的"不能被定义为外部刺激的即时效应。

这种"感觉"是一种有用的抽象，而且是一种有意为之的方便。通过研究在特定语境、特定时间、特定条件下所体验到的感觉，从而对那个地方的体验有更全面的描述。通过调查建筑和关注不同突出位置的感觉，或者沿着给定路线记录感知的流动，我们可以对体验是如何随着时间的推移进行准确描述。

看得见的是用眼睛捕捉到的，感觉的是用感官捕捉到的。

主动的感知概念尤为重要，它把感知过程描述为警觉而不是被动。根据詹姆斯·吉布森（James Gibson）的说法，这种过时的被动模式是

20 世纪 60 年代前心理学对感知理解的最大错误之一，其中受控的实验室环境被用来评估感官，就好像它们是对刺激的反射和自动反应一样。吉布森认为我们的感觉比这个复杂得多，他重新审视了五感的经典模型，认为五感是一种更主动的"知觉系统"，是对感觉的寻求和探索，而不是被动地容纳它们。

> 传统意义上的感觉器官是被动的接受者，它被称为受体。但是眼睛、耳朵、鼻子、嘴巴和皮肤实际上是移动的、探索性的、定向的。它们对神经系统的输入通常会有由它们自身活动产生的成分。照相机是被动感受器的类似物。但眼睛不是照相机：眼睛是一款自聚焦、自设置、自定向的相机，其图像变得最优，因为系统会补偿模糊、极端照明和瞄准无趣的事物。这一事实可能会使我们无法理解感官是如何工作的，但外部产生的刺激和活动产生的刺激的混合，有望成为理解感知系统如何工作的线索。

吉布森的设计启示理论研究在其他领域有着巨大的影响力，但感知系统在对地方和环境的人类学研究中越来越受欢迎，比如蒂姆·英格尔德（Tim Ingold）的《环境感知》（*Perception of the Environment*），更准

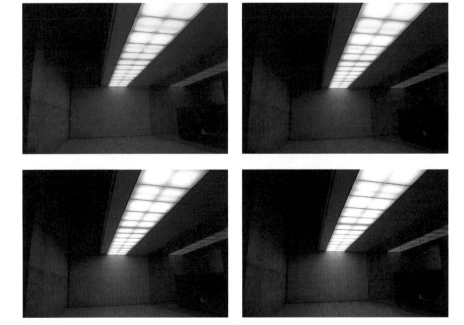

左图 巴塞罗那卡伊莎中心，入口由矶崎新（Arata Isozaki）设计改造。空间照明是不断变化的，以一种超越简单的固定几何形状的方式赋予空间不同的特征

确的称呼应该是"在"环境中感知。英格尔德指出没有语境就没有感知：感知行为与它发生的地点、时间和条件是密不可分的。更富有诗意的例子可以在卡尔维诺（Italo Calvino）的小说中找到，特别是《帕洛玛先生》（Mr. Palomar）和《美洲豹阳光下》（*Under a Jaguar Sun*）：

> 总之，你唱一唱就好了：没有人会听见你，他们不会听见你的歌声、你的声音。他们会倾听国王的声音，因为国王的声音必须被倾听，接受来自上层的东西。除了上层的人和下层的人之间不变的关系之外，这没有任何意义。就连她，你这首歌的唯一收听人，也听不见你：你的声音也不会是她听到的声音；她会听国王说话，身体僵硬地行屈膝礼，脸上带着礼节性的微笑，掩饰着事先设想好的拒绝。

案例研究：感官符号

在名为"城市空间的多模态表征"的项目中，通过对感知现象学和感官感知相关概念的研究产生了建筑和城市设计的符号系统——该项目由斯特拉斯克莱德大学设计、制造和工程管理系（DMEM）与建筑系之间的合作。该项目由艺术和人文研究委员会（AHRC）、经济和社会研究委员会（ESRC）共同资助，打着"面向21世纪设计"的旗号。该项目的出发点是建筑和城市设计中的设计实践主要以视觉为重点，并且考虑到所有感官的更全面的方法更有价值。

在设计符号系统之前，我们考虑了许多方法，作为对传统建筑绘图的补充。这种方法允许以一种积极主动的方式研究设计实践。考虑到详细讨论单一感官（如听觉）时所遇到的问题，设计一种简单、优雅、实用且详细的感官感知表征形式是一项巨大的挑战。

在与沃尔夫冈·索恩（Wolfgang Sonne）教授（建筑学）（DMEM）、戈登·梅尔（Gordon Mair）、奥姆布塔·罗曼斯（Ombretta Romice）博士（城市设计）团队以及拥有广泛专业知识和经验的顾问委员会合作，我研究了从詹巴蒂斯塔·诺利（Giambattista Noll）的罗马规划，到凯文·林奇（Kevin Lynch）的《城市意象》、戈登·卡伦（Gordon Cullen）的《简明城镇景观》(*The Concise Townscape*),再到马里奥·盖德桑纳斯(Mario Gandelsonas)的形态学研究和菲利普·希尔(Philip Thiel)的建筑评分的城市表现技术。每种都有它的好处,一种拉班运动记谱法形式被用于最初的尝试。然而,事实证明这并不好看,视觉上过于沉重,而且很难学习。这为最终的符号系统生成了进一步的标准:

> 一个简单的系统,快速学习,不依赖于特定的学科。
> 一种能同时代表所有感官的东西。
> 与现有的正投影图实践相配合的符号系统。
> 类似于草图,不需要技术的介入。

随着时间的推移,其他标准也出现了,但是该系统必须足够简单,以便在一小时的简短研讨会中学习,并与现有的实践一起工作。在这个阶段,研究变得非常主观,这仍然是研讨会上最常见的问题之一:考虑到材料的性质,是否有可能产生一种客观的感觉符号?这在现行制度的背景下是可以回答的,这将在后面说明,但它的立场基本上是主观和个人的。我们不可能完全了解另一个人如何感知相同现象的细节。

该系统在本科生和研究生中进行了测试,然后拿给地理学家和人类学家,并在应用和理论意义方面进一步发展。速写本和图案本的想法贯穿了研究的意图;以克里斯托弗·亚历山大(Christopher Alexander)的"模式语言"为模型,目的是为了记录旅行时对目的地的印象。研究员陈菲(Fei Chen)记录了几个中国城市,我也记录了英国城市,包括伦敦、爱丁堡、格拉斯哥和曼彻斯特,还有一些更远的城市——东京、首尔、雅加达、波士顿和罗马。在这些地方寻找可行的模式本身就很有趣,但记录系统的目的是将体验牢固地储存在记忆中,并将这些体验重新利用,或作为设计的参考点。

符号有三个主要阶段,概念化为一种组织感知的方式:

> 记录下环境,包括日期和时间、天气状况和显示已做标记的地点的场地平面图。这些通常至少编号为1~6,如果不是更多的话,可以表示穿过一个地方的路线,或显示给定地方(如城市广场或餐馆)

上图　通过秋叶原区的平面和路线，出自东京感官符号

中图　秋叶原区的剖面图，出自东京感官符号

下图　秋叶原区的感官符号样本，展示出各种感官刺激的优先级

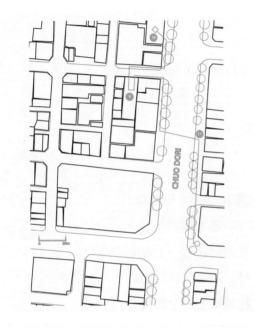

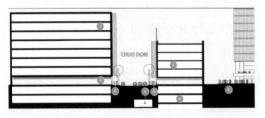

周围的各种条件。立面的加入作为最佳实践，提供有价值的体量信息。

对于每个位置，使用感官优先级图：一个简单的雷达图，测量研究人员对每种感觉的优先级从1~6。感官被重新组织，使其与建筑更相关：视觉、听觉、触觉、动力力学、热力和化学。还可以做额外的标记来表示图表的某些时间特性，并提供非隐喻性术语列表，以进一步快速描述每个位置。

除了以上内容，还需要对现场进行记录和拍摄。图形的方法本质上是简化的，并没有给出所讨论的空间的价值判断。简单地写一篇关于某个地方的文章会更有效率——大约1500字左右，简单明了地描述。

还有更多的细节，包含在符号指南中。关于这些符号后续用法的问题很有趣，当感官调查是在群体背景下使用时，主观性问题可以被克服。通过让几个记录员一起进行感官调查，可以要求他们产生单独的结果，然后将它们结

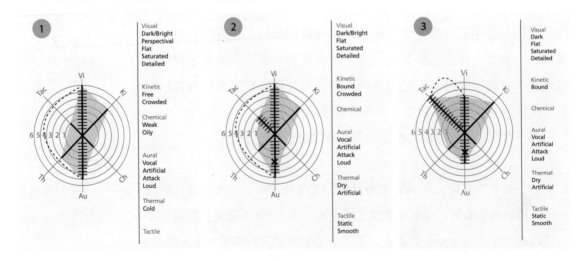

合起来，或者将其用作现场讨论的基础。每一种方法都有其优点，就像通过图表和文字对地点进行个性化调查一样。用这种方法产生了许多有趣的想法，例如一篇研究东京两个不同神圣空间之间的差异的论文，这两个空间在几何和功能上有一些广泛的相似之处，但在现实生活中却有着根本不同的特征，这可以用感官术语清晰地表达出来。

该系统的设计引发了许多关于我们的视觉偏差、几何偏差以及我们忽视建筑环境某些元素的方式的问题。其目的是提高人们对这一问题的认识，并发展一种调查方法，而不是从根本上改变建筑的专业实践。考虑到这一目标，该系统仍在开发中，并且使用众包移动应用程序作为上述手动系统的补充，可以实现元素的潜在自动化。

上图和下图 秋叶原区附带照片，出自东京感官符号

第13章
民族志研究

民族志是一个纵向的、主观的研究，研究者要花费较长的时间在田野中，以各种方式进行互动和记录，以便了解更多关于特定环境的信息。作为一种与人类学密切相关的方法论，民族志在某种程度上是不可知论的学科，是可以被广泛的学术领域所使用。

作为建筑学研究的一种形式，民族志在很大程度上尚未被开发，但它在城市设计和使用后评价研究中有很大的潜力，而且这种方法论在建筑学和建筑环境研究中还有许多进一步的用途。

翻译这种研究结果是有挑战性的，特别是因为民族志研究依赖于思想开放的研究人员现场观察和交流，而不是进行判断或说什么是对的或错的。本章介绍了一些民族志研究的方法，以及如何使用生成的文献。在城市人类学、家庭人类学和其他特定地点的著作中很容易可以找到重要的文献，它们对世界上共存的不同人类方式提供了见解。

本章还介绍了创造性实践的人类学研究，在设计工作室环境、人类学研讨会和绘图板上进行自传式民族志的研究。

实施民族志研究

民族志研究是一种与田野调查密切相关的经验方法，在第5章所涉及的材料基础上进行研究。也就是说这是对特定背景的非常具体和纵向的研究，需要仔细的规划和考虑，以及对意外发现和偶发事件的开放态度。

民族志使研究者能够了解其他人的生活——这些人是如何实践，并融入他们的环境。在任何社会研究中，如何准确地让人们说出这一点可能会更加困难，因为人们往往会淡化他们生活中那些让他们感到不舒服的方面，或者他们只是觉得自己是如此不言而喻的，以至于其他人对他们都不感兴趣。民族志方法论的目的是消除人们所说的和人们实际所做的之间的差异。在大多数情况下，由于种种原因，这两者之间会有相当大的差距。无论是刻意的呈现、发生的事实，还是造成这种脱节的原因，都是有趣的研究课题，并且应该加以解决。其中一个关键是民族志所花费的时间，通常是几个月到几年；当代民族志的模式包括与人们一起生活，分享他们的生活方式，同时参与和观察。

"人们在采访中说他们做了什么。"这反映了人们希望被人看见的方式。例如，这可能导致拒绝承认贫穷，或将其作为一种骄傲或社会地位的问题，尽可能以积极的信号去展示。

"人们实际在日常生活中做了什么。"这可以通过直接的经验观察来见证。接触可能会很困难，因为信息提供者知道他们的口头描述与事实不符。在其他时候，访问可能会由于非法或专业知识而受到限制：例如在工厂或拖网渔船上雇用一个不熟练的工人是危险的。

"通过理论和分析知道这些差异的原因。"民族志的部分任务是超越描述和报道，并考虑某些事情为什么会是这样的一些原因。虚假陈述不应被视为谎言或任何其他贬义，而应被视为人们如何选择在别人面前表达自己的有趣见解。

民族志首先是关于人的，所以对语境的任何引用总是与它能告诉你生活在那里的人，或他们与那个环境的互动有关。在这种研究中，遇到的人通常被称为信息提供者。到达一个陌生的地点充满了不确定性，民族志研究者必须依靠各种各样的方法来识别潜在的信息提供者，有些是提前认识，有些是到达后才认识。并不是每一个研究者和信息提供者之间的关系都是富有成效的，所以相对广泛的撒网是很重要的。

根据你的研究，识别最初信息提供者的策略会有所不同，但是对于研究者来说，在没有与某个地方建立联系的情况下，对某个环境产生兴趣是不寻常的，所以这是一个很自然的开始：与已经认识的人一起。给学术机构、当地团体和协会的介绍信件也可以提供一些初步联系，就像在当地商店橱窗、报纸或网上留言板上张贴广告一样。每一个信息提供者都可能带来进一步的联系，人际关系网通常会显露出来。

作为研究人员，有必要向任何潜在的信息提供者明确意图，让他们对你的意图放心。这可能是任何人对这种关注感到不安的许多原因，不受监管的市场活动可能会暴露出问题，或者人与人之间紧张的人际关系——例如应该准备好给信息提供者机会在出版前阅读作品的机会，或报告中匿名。和你一起工作的人需要能够相信你的动机。

关键过程是确定地点的正式和非正式的"信息传递者"以及信息提供者。这些机构可以是审查和控制弱势信息提供者的研究机构，也可以是任何社区中受人尊敬的领导者，他们有足够的影响力让你在群体中与他人交谈。

一旦获得了访问权限，就有几种继续操作的方法。一些民族志依靠结构式或非常自由的采访，与信息提供者见面，直接询问他们日常生活的某些方面。这往往更像是一个序言，而不是一个完整的民族志，后者越来越多地与参与者观察联系在一起，你要向信息提供者学习，与他们一起工作，学习生活是如何管理的，以及需要哪些技能来适应这个生活世界。

书写文化

一系列关于人类学方法论的重要论文出版在《写文化》一书中，提供了丰富的见解。由詹姆斯·克利福德（James Clifford）和乔治·马库斯（George Marcus）编辑的这些论文，将人类学理论描述为"写"文化的一种尝试。一旦人们开始理解它的全部含义，这个最初简单的概念就会变得更加复杂。人类学项目的成果是文章（有时也包括其他东西，如电影和摄影作品，很大程度也是基于这场辩论所开辟的）。在研讨会系列和随后的论文集（首次出版于1986年）之前，人类学家撰写著作从未真正受到挑战，以及由此引发的持续的辩论。

一个有趣的题外话是思考什么构成学术辩论。通常会在与既定规范不同的部门制定职位。为了充分发展这一点，与志同道合的学者组织会议，更亲密的研讨会或系列讲座被用来巩固和讨论想法细节，然后把它呈现在一系列书籍或编辑过的论文集中，通常代表一个特定的事件或系列。此类出版物和期刊文章会受到更广泛社区的审查，不可避免地会引起对所提出观点的支持、适应或直接反对。因此，随着文章、评论甚至信件的发表，辩论变得两极化。这发生在任何学术领域，包括建筑学。

在《写文化》一书中，克利福德和马库斯研究人类学家使用的写作质量。质量不仅关系到写作的优点，而且关系到写作的本质。争论的焦点是人类学家的著作应该更全面地表达田野调查的经验。两位作者并没有试图消除人类学家的情感，而是认识到在传达这种遭遇的纯粹主观本质时，有些东西是必不可少的。这与写作的科学模式相反，更像是传记甚至是科幻小说。学院花了一些时间来适应这种观念，即这样的描述可能是诗意的，但同时也是对文化的严格检验。从本质上说，人类学是一种极其个人化和主观的经验。无论研究人员多么想保持客观（正如我们在田野调查和民族志中已经讨论过的那样，这本身就是一个值得怀疑的愿望），在描述中总能找到他们个性的痕迹。研究人员最终所做的选择、所处的地点和情境都完全由研究人员的机构所决定的。

重要的是要强调，语境表示你所处的一系列环境。这包括自身——所有的偏见和态度——以及特定的地点、时间和天气，你在自己历史中的地位。在现代主义的设计和研究方法中语境常常（但并不总是）被抹去，但是显然这是一个巨大的错误，因为语境是让任何事情都有意义的东西。

民族志权威是《写文化》关注的一个方面，即通过写作风格对一种文化进行绝对的描述。这种控制描绘的力量是非常有问题的，特别是随着对学科内殖民权力关系的不断深化的批判。简单地说，选择表达事物的方式很重要，而且有可能呈现一个错误的全貌，或者在具有与从业者一样多的观点的主题上听起来具有权威性。与哲学不同的是，与之密切相关的人类学证实没有单一的真理，但存在着许多同时存在的方式——真实这个词本身多少有点误导人。

借鉴其他民族志研究

民族志研究对研究人员来说是一种资源，虽然它通常最直接地与人类学学科相关，但建筑学的研究人员可以从此类调查中收集到一些数据。这样做的原因是务实的：这是一个与社会科学学科相关的专业领域，虽然这种研究的重点可能并不总是适合建筑学研究的需要，但这种调查的细节和纵向性质是非常有价值的。

民族志的描述在其调查范围内是权威的。这就是说，对一个民族志研究项目的结果进行概括可能会有点令人担忧，因为文化的特殊性往往是研究的重点之一。但在研究城市市场时，例如西奥多·贝斯特（Theodore Bestor）、雷切尔·布莱克（Rachel Black）和米歇尔·德拉·普拉德勒（Michèle de la Pradelle）所做的研究在理论和相关的民族志细节方面都很有启发意义。关键是不要对感兴趣的语境和正在阅读的语境之间的相似性做很大的断言。比较或许是可能的，相关性也很是有用的，但要保持谨慎。

当考虑设计实践时，其他的解释可能具有指导意义。在考虑住宅时，英奇·丹尼尔斯（Inge Daniels）和萨拉·平克（Sarah Pink）两人都采取了不同的方法研究住宅民族志。

平克的研究采用了空间性别概念，探讨如何更新这一传统观念，并将其纳入更为广义的家庭制造活动模式中，作为一种积极的身份认同生产。从民族志证据直接了解欧洲家庭（案例大多来自英国和西班牙）的一系列实践和过程，这有助于平克理解身份也是一个过程、流动或运动的方式而不是稳定核心的方式。

相比之下，丹尼尔斯讨论了整个家中的物质流向。考虑到日本家庭在文化上的特殊性（主要在大阪），丹尼尔斯注意到日本家庭在文化上具有重要意义的送礼方式。储藏变得极其重要，创新的解决方案包括将小橱柜插入顶棚，以节省宝贵的地板空间。在调查中还有其他问题，例如传统榻榻米风格的房间和西式风格的卧室，它们都以有趣的方式挑战着家庭生活的基本原则，但它们最初是深思熟虑政策的结果，目的是使日本家庭现代化，使其符合西方规范。

其他研究人员的民族志也是重要的资源，他们日常记录的细节和随后的理论都应该被参考。这对研究很有帮助，但注意不要推断得太远，因为民族志研究的既定目标是调查特定背景下的文化特性。

案例研究：创造性实践的民族志

有些研究问题需要其他方法，其中一种被认为是自传式民族志 [见黛博拉·里德（Deborah Reed Danahay），安妮·梅内（Anne Meneley）和唐娜·杨（Donna Young）的自传]，尽管有些人认为这是一种实验方法。不管用什么命名法，这种研究方法都有助于探究诸如创造性实践等问题，质疑不同类型的绘画和图表允许创新和即兴创作的方式。考虑到这一点，我经常采用这种实验性的、自传式民族志模式。将绘画和图形的形式组合在一起作为"铭文实践"，我已经完成了许多这样的例子，下面将详细介绍。

这些铭文实践项目是与书面文本一起设计的，代表了文本和图形之间的持续对话。考虑到这些项目的核心前提是铭文实践可以像写作一样用于发展理论，因此参与此类实践是完全适当的，而且确实是必要的。鉴于我的建筑学背景，这尤其如此，这意味着绘图、图表和符号是我实践的重要组成部分。图画与文本之间的相互作用使得本文的论述得以展开。铭文项目并不仅仅是作为书面理论的证明或论证；相反，它们有助于发展文本的理论立场。文本和图形铭文所代表的思维形式之间的扩展协商为整个论文提供了信息。

第一个项目源于之前对电影和建筑的兴趣，从一系列的速写本开始，每个速写本都着眼于一部特定的电影，并以类似的方式研究它。速写本很快就完成了，因为我给自己设定了与电影同步的绘画任务。这些草图是用石墨绘制的，这是一种特别快速且富有表现力的媒介，不允许出现繁琐的细节，只留下宽泛的手势标记。

在这些速写本中，黑泽明的《七武士》（*Seven Sarnurai*）中的一个场景特别有趣，我选择通过完成这个场景的拉班运动记谱法来进一步研究这个问题。这使得后续翻译超出了简单地使用它学习拉班记谱法的初衷。它还可以进行创造性的改编，引导我将电影场景中演员的动作转化为一系列适合艺术家同事在纸上用木炭创作的手部动作。这些标记是在

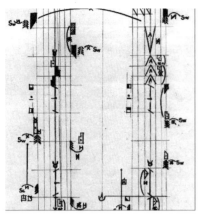
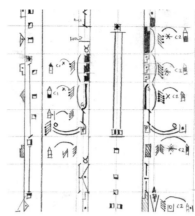

左图和上图 《七武士》的符号和绘画，以及与艺术家桑德拉·麦克尼尔合作的霍斯菲尔德庄园（Hospitalfield House）表演和绘画工作室

2003年1月创意实践小组的霍斯菲尔德庄园研讨会活动上给出的口头指示。该项目中观察、说明和亲笔签名标记的分离使人们能够持续地思考符号的本质。

　　下一个项目要简单得多，我继续尝试更多地了解拉班记谱法。这次的任务是记录在东京旅行中观察到的相扑回合。拉班记谱法被用来描述在每一个高度仪式化的较量中几个参赛者的行为——播音员、裁判员和两名战士。通过观察照片、视频片段和观看摔跤手时的时间的记忆来记录比赛。再一次，观察实践受到拉班记谱法的强烈暗示和引导，将我的注意力从运动中最普遍的姿态方面引导到裁判的扇子等微妙的动作。相扑比赛的过程而不是任何特定的比赛都被记录下来，这表明拉班能够概括和有条件的运动，以及严格规定的一系列动作。其中包括了触发事件，比如用来开始战斗的触发事件，这在我对拉班后续项目的理解中非常重要，也显示了拉班记录复杂和不确定事件的创造性潜力。

　　另外还承担了2005年4月至6月在阿伯丁美术馆举行的"田野笔记及写生本"展览的一个项目，该项目在由策展人兼研究员温迪·甘恩（Wendy Gunn）编辑的合集中有更详细的介绍。这个项目的重点是日本达摩娃娃。达摩娃娃在其他地方有更详细的解释，但我发现一些涉及该

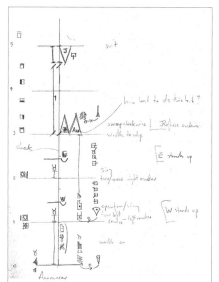
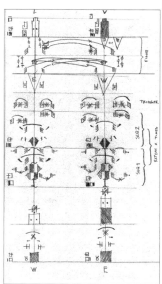
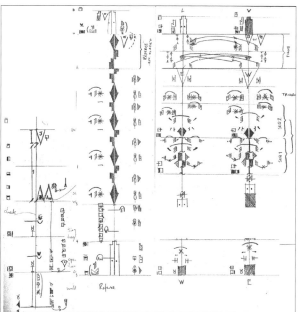
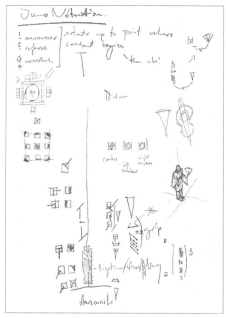

上图和左图 "相扑"符号，展示最初的草图和简化的分数，直到最后的符号

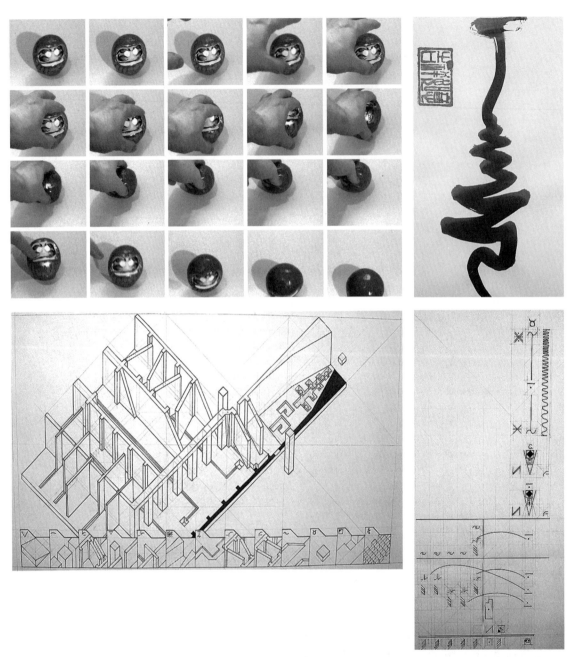

上图 手工艺品：达摩娃娃的记谱法。记谱法、轴测图和书法图，所有描述的运动显示的视频帧捕获

工艺品的几个动作特别有趣：油墨的混合；画一只眼睛；并且可以前后摇摆。我再次用拉班记谱法记录了这些动作。我还制作了短视频，并将这些镜头按顺序进行帧捕捉。这些图像被组合成故事板和电影书。拉

班记谱法允许进行翻译过程，最终根据我对摇摆运动的观察创造了一个建筑空间。最终的描述过程是一种更加直接的水墨画，只需在纸上做一个手势标记，以实时响应运动。

这一系列的描述使人们可以直接比较不同的铭文实践，通过与基于观察的绘图或记谱法进行比较，对自动记录的时间性（如视频）进行特别详细的思考。观众的角色也被更详细地考虑，因为参与程度可以通过一个人重建特定标记过程的能力来理解。在这方面，水墨画的影响最大，而需要更多专业知识才能理解的拉班给人的印象较少。

每一个项目更多的是关于对我自己的创作实践的理解，而不是观察到的现象：不是关于黑泽明电影、相扑比赛或达摩娃娃，而是关于我如何以图形的方式回应这些。这些调查揭示了每个事件的空间特征，根据运动的物体而不是工程结构来讨论。每一种案例中都有多种不同的铭文实践做法，它们以一种循序渐进的方式记录下来，反映了过程的每一个步骤，并最终讨论了时间性在创造性实践中的重要作用。如果没有伴随每一个铭文项目的文献和实地记录的过程，这种理论是不可能的，因此，民族志实践——即使不是一个完整的民族志——也是打开每一个实践并使其可供参考和理论化的原因。

銀座線渋谷駅事務室
地下鉄お忘れ物取扱所
Subway Lost & Found

地铁标志激发了"迷失在东京"

第14章
绘画、图表和地图

作为建筑学固有的媒介，绘画等铭文实践作为研究方法可以提供什么？作为一个充分基于实践研究的序言，将图形作品视为既合适又能够产生建筑学知识意味着什么？

这样的例子有很多，但研究往往停留在书面文字上。本章介绍了在研究中使用绘图、图表、地图和符号的一些问题和好处：如何展示这些工作，让它与文本进行对话。应予以解决比如图表的易读性和读者接近它的能力等实际问题，以及通过绘画的方式对研究提出一些见解。

本书支持这样一种观点，即建筑研究可以使用建筑生产工具作为描述、理论化和解释的手段。本章明确了研究过程中绘画、图表、符号、制图等图形表达的可能性，使研究结果更接近设计过程。

绘画不仅仅是用来支撑图解，也可以被理解为研究和建筑理论。为此，我的项目"迷失东京"是由图表、符号和绘画组成的展览，将与其他的例子一起讨论。

建筑学固有的实践

绘画是建筑学固有的实践之一，作为一种调查方法、一种传播形式绘画也是一种很恰当的研究方式，绘画也是研究的重点。建筑学领域的"纸制项目"有着悠久的传统，这为绘画研究奠定了基础。把一个命题以设计的形式写在纸上，是面对一系列环境或特殊背景挑战的一种方式。纸制项目为研究者提供了考虑极端例子的自由，比如利伯乌斯·伍茨（Lebbeus Woods）的《战争与建筑》（*War and Architecture*），伯纳德·屈米（Bernard Tschumi）的《曼哈顿手稿》（*Manhattan Transcripts*），丹尼尔·里伯斯金（Daniel Libeskind）的《微型巨人》（*Micromegas*），或者是约翰·海杜克（John Hejduk）的各种系列，包括《调节的基础》（*Adjusting Foundations*）和《受害者》（*Victims*）。

在通过绘画进行研究的建筑师中，最著名的是彼得·埃森曼（Peter Eisenman）。他的博士论文《现代建筑的形式基础》确立了他建筑师身份，并通过对十幢经典建筑的绘图和图表进行了进一步的探索。埃森曼早期

下图　我的一些绘画样本来自很多不同的项目，展示了多种方法

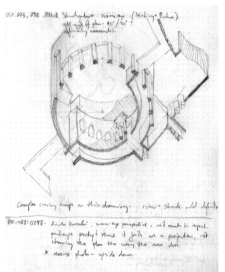
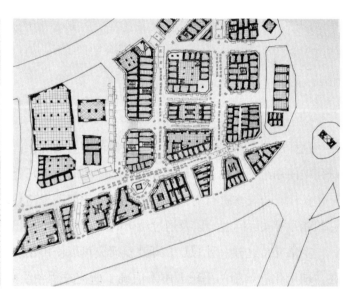
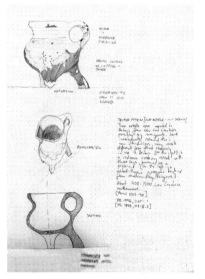
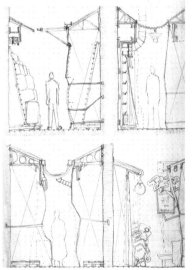
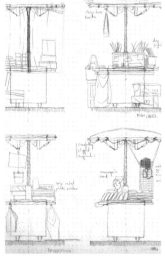

的作品在绘画和模型之间进行着探索和实验,提出了他在德勒兹(Deleuze)解构主义理论中发现的相同问题,但采用的是一种独特的建筑风格。

建筑研究可以通过书面文本以外的方式进行和交流。虽然文本的含义可以直接表达并使交流变得直接,但是图形表达对建筑学本身有很多好处。

为此,讨论一个例子是很有用的,这个例子提出了从一种绘画形式到另一种绘画形式的表达和翻译,从绘图员的意图到观看者的翻译问题。

速写本是建筑师思想的储藏室

看看任何一位伟大建筑师的笔记本,你都会看到一只"喜鹊"从任何可能找到的地方获取灵感,与它们玩耍并占有它们。

西蒙·昂温(Simon Unwin)是一位建筑师和作家,他广泛使用自己的速写本来探索建筑问题和理论。昂温将他的笔记本描述为"思想的储藏室"并且作为:

一个实验室,通过绘画调查、欣赏体验场所及其氛围的定性方面:光与影、反射、纹理和气氛……

他使用绘画来描绘基本建筑兴趣的元素,经常被他的同行误读为是一种简单的介绍建筑的方法。但实际上,他的这种方法对新手和专家都很有价值。理解上的差异常被说成在于一个人能读懂这些图画的质量。

昂温在由温迪·耿氏(Wendy Gunn)编辑的《田野笔记和速写本》(*Fieldnotes and Sketchbooks*)合集中讨论了速写本的本质。正是在这里,他在速写中发展了探索的思想。

探索者的思想是由它的探索所塑造的。被发现某些东西的迹象所吸引去探索,它不断发展的理解会因遇到它所发现的东西而改变。

对于昂温来说,速写本具有这些不同的方面,并且蕴含着各种可能性。每一种描述都说明了速写本所包含的不同方式以及承载着思想：被视为神圣，但同时也是亵渎的。一次庄严的经历或一次充满快乐的经历。是谜还是笑话？是锻炼的地方还是放松的地方？

　　昂温的答案是所有这些，可能还有更多。他把笔记本当作一种研究工具，一种研究建筑基本元素的工具，比如构成、界限、体量、形式和体验。他用速写本寻找这些元素，然后通过记录体验去探索它们。这是昂温在一篇短文中所阐述的，这篇短文包含了他笔记本上的几幅插图：这种通过绘画进行的探索是对知识和意义的探索。

　　多年来，昂温编辑了大量大致相同的魔力斯奇那（Moleskine）笔记本。它们是一致、谦逊的，但在每一个笔记本里面都记录了他的思想和旅行。重要的是，他都画在一页纸上，不仅画透视图，而且还画平面图、剖面图和其他各种形式的图。在绘图惯例和投影之间移动，以探索和进一步理解与在描述时能够有效地在比例之间移动一样重要，允许通过比较来进一步描述和理解体积、形式、纹理、关系、语境等更多内容。

　　这形成了昂温的研究实践和方法，其速写本包含了各种重叠研究项目的种子。事实上，所包含的作品可以有多种含义和多种用途，而不是只在单一的语境中有效。昂温的绘图没有单一的含义，而是代表了多种可能性。

案例研究："迷失在东京"

　　"迷失在东京"项目是关于东京地铁系统和迷失体验。这个项目解决了很多问题，它的起源是围绕该系统的一系列旅程，主要集中在新宿和涉谷站的节点上。新宿是东京交通网络的主要节点，有许多通往地面的出口——连接该地区内的商业和商业设施的广阔地下通道。

　　在调查绘画可以作为有效研究形式的想法时，我参与了这个项目，作为对叙事、具体化、导向标识和时间性等各种理论的探索。该研究于2005年在邓迪视觉研究中心展出，并在期刊和编辑合集中发表论文。和许多项目一样，最初的研究问题很简单：有没有可能以一种有意义的方式来表现东京错综复杂的地铁网络空间？

　　"有意义"的表达挑战是很重要的，因为显然整个地铁网络的表达

上图　启动这一切的地
铁标识：失物招领处

符合哈里·贝克（Harry Beck）1931 年为伦敦地铁制定的标准，并由世界各地的其他人随着时间的推移加以阐述。其他的表述会符合土木和交通工程师的需求，或者系统本身的运行需求，但是很少有人考虑地铁的实际体验。传统的建筑表现方式并没有告诉我们需要知道什么，考虑到这一点，我开始着手一个项目，来调查我自己作为一名语言能力有限的建筑游客的体验的定性方面。

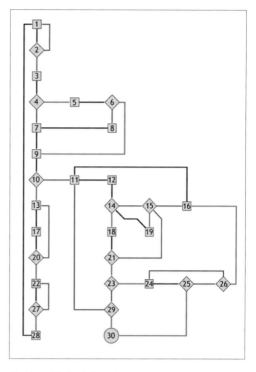

上图 流程图，第 1 节到第 30 节之间的关系被描述为一个过程

　　第一步是根据我的体验构建关键事件的过程图表或流程图。这是必要的抽象概念，但它是对体验的清晰叙述的回应。很明显，我的兴趣并不是乘坐一次地铁，而是作为一次独特的体验：多次乘坐地铁的积累。这在理论上开辟了前沿：地点和体验之间关系的本质。在这种情况下，最一致的是考虑多重性——即系统的多种用途——而不是将其视为单一事件。就像人们可能认为的每日、每周或季节性周期中的周期性时间一样，地铁只有在多次使用的过程中才能被理解。

　　图表绘图的好处之一是可以将它们转换成另一种格式、另一种规范。每一种铭文实践（在本研究中使用的术语，不仅指图纸，还指其他类型的图形作品，如符号、图表和地图）都可以转换成另一种形式——在这种情况下，从图表转换成符号。

　　图表的情节性质表明了一种细分体验的结构，允许选择和决定。每个离散事件都可以用自己的术语来描述：在本例中是拉班运动记谱法。这种记谱形式有几个值得注意的特点，它是由编舞家和动作理论家鲁道夫·冯·拉班（Rudolf von Laban）开发，用来描绘各种各样的动作形式，而不仅仅是传统的芭蕾舞。所有的舞蹈记谱法都有争议（因为它们被认为会影响所描述舞蹈内容或特征），但是拉班允许记谱者从当时正在运动的人的角度而不是从观众的角度来描述运动，这是最常见的。然而它是一种密集的符号语言，如果没有对系统进行大量研究，就很难理解。这使得它对大多数观众来说相当不透明，他们可以观察到它的编码而不知道它精确地表示了什么。

符号的这种不透明性不是问题，而只是它的一种性质。重要的是要理解这通常是对信息准确性的回报，比如包含在拉班记谱法中的信息；为了描述人体运动的可能性，一个复杂的系统是不可避免的。

简单地说，拉班的结构就像五线谱，最常见的是从页面底部垂直向上读。每个人或者一组人一起移动就会得到一个五线谱。然后左边和右边被解读为身体相应的两边，按照中线附近稳定所需的顺序描绘位置和过渡，并在远离五线谱的地方描述越来越多的手势运动。拉班为表演者提供了灵活性，他们可以在乐谱中加入一些即兴创作和诠释。

虽然在一本关于建筑研究的书中讨论舞蹈符号可能看起来很奇怪，但重要的是要认识到不同的铭文实践对你自己研究的有用性。从其他学科借鉴绘画风格或图表模式可能是卓有成效的，特别是当关注的问题彼此协调一致的时候。毕竟，建筑师必须关心人们如何在他们设计的建筑中移动。事实上，许多建筑理论家都考虑到了这些问题，他们通过借鉴其他地方发现的符号系统来扩展这一领域，无论是参数化建筑的数学计算，还是古典建筑的和谐，这些都与音乐符号有很多共同之处，或者是在超级工作室和其他工作室的工作中使用来自电影的故事板。

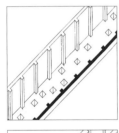

在这个案例中，拉班记谱法是我经历的记录：通过最初流程图所描述的每一节点的感受。在制作符号的时候，某些共同的元素脱颖而出——尤其是 15 个重复的元素。绘制图纸和符号可以让你有时间去消化和仔细考虑一个过程：能够更充分地理解所绘制的东西。在本例中，这 15 个元素代表了重复动作，以及我如何与环境互动的分类。

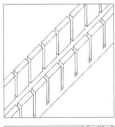

这个分类或分类的过程让下一个转换得以进行，这 15 个元素可以被重新绘制成建筑元素，轴测建筑模块，然后可以重新组合成代表我使用地铁的体验的走廊。

转换回传统的建筑语言就能让人们根据这些术语理解这种体验，通过各种坡度、空隙、障碍和门来探索运动的条件。这导致了两种不同的组合模型，一种类似编曲，其中将各种各样的铭文实践展示在一起，以便完整地描述单一情节。这是这个项目的主要方法：通过从拉班记谱法和轴测图旁边的流程图中提取的片段来展示体验的偶然性，并添加了一张具有类似氛围的照片，但以一种间接的、使人产生联想的方式。

上图 拉班记谱法的原型

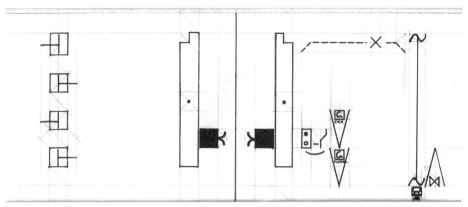

左图 拉班记谱法
插曲样本

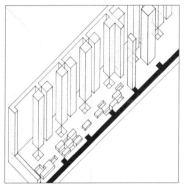
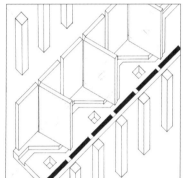
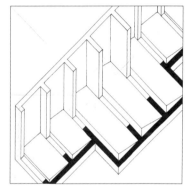

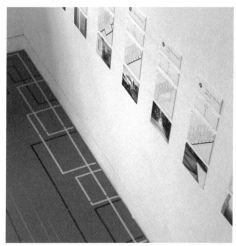

上图和左图 "迷失在东京"
展览的照片，展示了这个系列

作为品质而非类别的铭文实践

图表：图表通常被用于描述组织规则，可以设计为一次性使用，也可以根据通用的模式（如流程图）进行设计。图表显示了现象之间的原理和关系，底层结构反映了强加的顺序。借助理解术语，大多数图表都可以是全新的。

符号：符号是一种更明确的交流媒介，它由一系列可以执行或重复的指令组成，比如可以播放的音乐乐谱。编写剧本的行为及其表演都可以被理解为创造性的行为，通常与其他图形表现方式合并在一起。理解一个符号通常需要一定程度的专业知识，这使得表达式的形式比图表更难理解，但它可能更准确。

草图：筹备工作可以分为两大类。首先，草图可以对环境做出即时的反应，比如简单地坐下来画一个场景。其次，草图可能表示为了发展一个想法而绘制的图画，通常是一个自我参照的模式，别人无法理解或理解不了。

绘画：绘画是一个宽泛的范畴，它表示了一定的画质，通常简单地描述"在纸上的作品"。这样一个日常用语可以被认为是有争议的并且对定义持开放态度，但是值得记住的是——就像所有的铭文实践一样——绘画的制作可以具有认知作用，允许从业者以图形的方式思考。图纸规范在建筑学中尤为重要，每个规范都有不同的需求和可供性。

地图、平面图和制图学：数据的空间化用地图表示。这可以用多种方式来理解，但领土的概念是通过地图来测量和描绘的，它给人一种尺度感，也描述了包容和排斥的边界条件。

图片：图片与上述内容一样，是一种品质，而不是铭文实践的种类，也可以说是对世界上某物的模仿或相似之处描述。这可以用来验证建筑作品的可能性，让它感觉更真实。

图像：在众多的理论中，图像常被认为是视觉领域中转瞬即逝和客观化的品质。其他理论认为图像是一种高级的表现形式，其中包括时间方面或充分展示了更深层次的逻辑。人类学家阿尔弗雷德·盖尔（Alfred Gell）曾讨论过这样一种观点：陷阱对于动物来说就是它的完美图像；哲学家吉尔·德勒兹（Gilles Deleuze）将时钟描述为与时间同步的图像，而不是一张时钟的照片，它描绘的是一个时间点。

绘画研究方法

临摹：临摹是一种由来已久的理解绘画的方法——在这个机械或数字复制的时代（向著名的沃尔特·本雅明的文章致敬）——这种方法经常被忽视。但追溯一幅著名的画作是审视它的一种极好的方式，可以从它自身的角度来探讨绘画，考察构图、比例、线条质量和色调等品质。

协作：协作绘图有助于在参与者之间形成对话。这可以采用以经典范例为基础的绘画形式，讨论普遍理解的作品，但用图形或视觉理解取代口头内容。

绘画关注：使用绘画作为一种更直接地理解现象的方式也是有价值的。这依赖于将绘画理解为一种对场景或事件进行冥想的方式——一种让被忽视的细节出现的集中注意力。用正投影法画出一个物体这个简单的行为告诉你一个物体的形式和物质性，补充你可能做的任何历史或物质文化研究。

下图 迷宫描绘了整个系列，展示了这些情节在管理语境方面是多么有用

绘画不仅是一种适当的调查形式，而且是一种允许出现完全不同形式的知识的方法。有时这可以通过不断的绘画实践来发现和理解，而有时则是通过绘画媒介来干预或提出一些东西。绘画包含了如此广泛的实践，方法陈述可能会有效地探索所从事的绘画的品质：符号或图像方面，自传品质或偶然过程。这些品质都传达了一些信息，让你不仅可以对所画的内容，还可以对如何画画做出明智的选择。

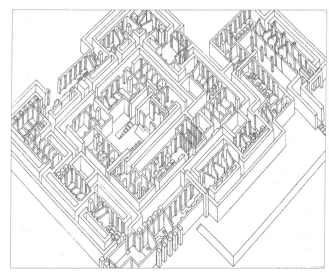

第15章
结论：理论与实践

> 专业的建筑实践面临着来自学术界的不同压力，但研究的必要性依然强烈。许多研究都是在实践中产生的，实践者最适合对建筑进行扎根的、实际的调查。

对语境的调查——社会、物质或者是历史——这些仍然是建筑学的一部分，因为人只有了解那个地方才能在那里进行合理的干预。评估和满足客户和用户的需求，了解建筑的再利用，或者为了创造更多吸引人的建筑空间而借鉴先例，这些都是建立在良好的研究基础之上的。

学术研究和建筑实践之间的联系正变得越来越普遍和正式，基于实践的博士研究机会越来越多，知识转让伙伴关系计划（KTP）提供了以减少研究和实践之间的距离和时间的机会。

虽然这本书的重点是学生的研究体验，但有必要把它与建筑实践联系起来，展示这种研究是如何在学术环境之外被利用的。商业建筑实践和研究之间的关系很有趣，并且可以进行广泛合作。因此，有必要对建筑师如何进行研究、如何使用研究以及为什么研究是重要的进行一个前瞻性总结。

罗伯特·亚当（Robert Adam）和克雷格·戴克斯（Craig Dykers）这两位建筑师在这方面接受了正式的采访——他们被问及建筑所采用的方法以及它如何影响他们的工作。罗伯特·亚当是一位领先的城市设计师和建筑师，他与英国多所大学保持着密切关系，对这两门学科的发展有着浓厚的兴趣。关于亚当特别有趣的是，他不仅作为个人，同时也作为可以委托研究各种问题的机构的一部分，积极从事研究。最近的研究包括一篇描述城市设计趋势的文章。这项研究建立了一种方法，让人们能够将潜在的总体规划理解为社会运动的一部分，而不是个人表达。

社会趋势及其发展对于亚当作为设计师的工作也很重要。他全面地看待建筑物的生命周期，而不是它单一的执行点。聘请社会学家在实践中工作由此产生了一份报告，该报告开始了解后信贷危机时代的家庭构成和房屋所有权。

亚当对研究中的实用性很感兴趣，而且作为一名专业建筑师，他不仅要回答这些问题，还必须考虑到由此为他的设计实践带来的价值：他的调查总是有底线的，即研究背后的实用性。

> RA：最后，学术界一个相当有趣的方面——我非常喜欢这个方面——实际上实践和学术界有一种相当奇怪的关系：简单地说，我必须赚钱。所以我必须提出一些东西，要么是我在以一种近似慈善的方式花钱，很难说我在这样做；或者我实际上是在推进一些有经济价值的东西。
>
> 相当多的公司都是这样做的，随着公司规模的扩大，财务价值的定义开始发生变化。"声誉"有经济价值，但它是无形的。例如，我们正在进行的社会研究——它对我们有什么价值？
>
> 第一个是总体规划研究——这有什么价值？我们已经提出了一种方法，希望鼓励学生使用以发展它。它所做的是提高了我们在城市设计界，更广泛的城市设计界的地位。这是非常无形的。
>
> 你永远无法证明它在为你赚钱。但如果足够强大，你就能吸收它：人们对你的看法会改变。面向住房的社会研究也是如此。我们将能够对居住在住房中的人说："你们必须意识到我们了解这个市场的运行方式。"这是有好处的。它可能永远不会为我们赢得一份工作，所以这会让我们付出代价——我想，但你知道……

研究伙伴关系也是亚当实践的一个重要方面。与斯特拉斯克莱德（Strathclyde）大学合作，解决了空间语法工具开发中的一个明显问题，他明白计算分析是基于一些相当过时的假设，而且有机会开发一些更新的工具。

RA：我想就好比我们支付英镑。我们对此非常精确，提出一项我们从斯特拉斯克莱德大学和洛桑大学得到的研究，我们称之为地方逻辑，它是对城市流动和运动流动的数字系统分析。有一种叫空间语法的东西，这是同样的东西，除了它使用的是过时的有 30 年历史的系统分析。

克雷格·戴克斯是斯诺赫塔（Snohetta）这家全球建筑公司的合伙人，与研究有着本质上不同的关系。值得注意的是斯诺赫塔已经不止一次成为研究的主题：人类学家为了调查在工作室环境中创造力的本质，他们进行了比如民族志和参与者观察的纵向研究。戴克斯对这一过程价值的理解尤其有趣：他把这样的研究看作是实践本身的一种治疗或者反思过程，并相信通过质疑和理解建筑设计的社会过程，他们可以作为一种实践来适应并继续发展研究方法。除此之外，戴克斯还有一种个人形式的研究实践，尽管他有点自嘲，但对许多建筑师来说却很熟悉：他有求知欲，渴望了解世界的广泛知识。这不是工具，也不需要与他的设计实践有直接关系：人们在一种程度相信它的相关性将以一种更全面的方式出现。

CD：就目标和对我们有价值的东西而言，更重要的是推动事情向前发展。我知道在温迪·甘恩来过之后，我们办公室里有几位人类学家。我想说在我们办公室的历史上，可能有五六位，或许七位人类学家时不时坐在我们的办公室里。其中一项最广泛的研究是基于挪威的 4 个月和纽约的 3 个月——我们拿到了报告发现它们非常有趣。当我读它们时，我们发现了一些关于我们自己的事情——这更像是一名精神病医生……

RL：就像你的实践治疗？

CD：它们用不同的方式、从不同的方向、不同的思维方式来推动我们。

RL：那么，这是否对办公室的运作有切实的影响吗？

CD：当然有。想到一个例子是关于笑的讨论，什么时候笑，什么时候不笑，以及在语境中如何使用笑，这并不一定是针对我们的。我想每个人在工作的某一时刻都会有笑或不笑的时候。在我们的办公室，它可能与其他建筑办公室有些不同；往往有稍微更愉快的条件。他们在讨论这意味着什么以及这对作为社会过程的工作过程意味着什么。

我们发现把它作为我们日常工作的一部分，是一种开放性的，让人们在我们所从事的创造性工作中感到轻松愉快，并从中获得一些乐趣。

RL：你认为人类学家以不同的方式参与工作室吗——这是否让你作为一名实践者进行了反思？

CD：当然。

RL：所以你对设计过程非常感兴趣。

CD：是的，我认为它很棒。奇怪的是人类学在过去的十年中逐渐失势，一些大学甚至把它从课程中取消，我真的不明白。

RL：对于人类学这是一段艰难的时期。这种实践真的需要委托研究吗？你只是等着看谁愿意和你一起工作吗？

CD：是也不是——再说一次，我真的不好意思说我们办公室有任何研究线索。有些办公室要严格得多。我认为我们对待发展和研究的方式是经过深思熟虑的。我们倾向于把它贯穿于我们的日常生活中，而不是隔离它。它往往更不正式，我想我们喜欢这样。我们是这样的公司——这是我们的根，我们的核心信念是想要创造在高度复杂的社会条件下建造的建筑，否则通常会导致非常平凡的项目。

这与直接服务于实践需求的研究模式背道而驰，但它为与其他学科讨论建筑工作提供了一些价值。通过实施民族志项目带来的反思给了建筑实践多种机会去理解他们的实践位置、工作室文化和工作过程的内在价值。这是唐纳德·绍恩（Donald Schon）关于基于实践研究的经典著作中的关键思想之一。与戴克斯的讨论还涉及研究问题：

CD：研究表明确定性。或者至少它暗示了对确定性的理解。以及"确定性"在多大程度上具有相关性是一个问题……这是一个深刻的哲学问题。

RL：我试图解决的一个问题是研究与其说是回答问题，不如说是为了提出有趣的问题。

CD：这是一个很好的观点，（在最近的一次讲座中）其中一张幻灯片问每个人，"什么是概念？"一个回答是概念不是答案：它应该永远是问题。如果没有问过这个问题，你怎么能知道正确答案呢。就在前几天，我读了马歇尔·麦克卢汉（Marshall McLuhan）关于这个特别想法的一段话："如果你从理论开始，那就从答案开始；如果你从概念开始，那就从问题开始。"

值得再次强调的是研究以提出好的问题开始和结束：答案往往是片面的和偶然的，依赖于语境而不是绝对的；重要的是，我们不是将世界理解为一组固定条件，而且将其理解为相互之间存在复杂关系的变量。研究是关于问题的，这些问题都是通过传统的建筑实践和以研究为中心的活动来进行的。将设计理解为一种持续的研究形式，对于建筑学科的发展至关重要，而实践的宣言或立场声明是进一步讨论这一问题的一种方式：

RL：作为一名建筑师，我想知道你是否有最重要的问题需要回答？你在工作中有什么迫切需要解决的问题吗？

CD：最大的问题有两个："什么是建筑？"我想除此之外，"如果建筑不是建筑环境进化的终点，那么在未来什么会取代建筑呢？"

我认为这些都是有趣的问题。我们知道我们建造庇护所，我们建造房屋，我们建造建筑。所有这一切都发生在几百万年的发展过程中——很难想象我们已经走到了这条线的尽头，我们再也不会进化了。什么时候建筑才会像今天的建筑一样过时呢？

RL：我想从这一点出发，你该如何去寻找答案呢？一部分只是为了继续生活。

CD：再一次，如果看人类学研究的实践，它是关于我们作为人类的生物是什么，我们如何表现以及我们如何从赤身裸体进化。最后正如我们现在意识到的，我们从来就不是真正的赤身裸体，因为我们总是对周围的环境有一些影响或关系。

对于大多数建筑史来说，语境在一定程度上被忽略了。它可能被轻视，也可能被尊崇，就像你把什么东西放在基座上，说它是不可能触摸的。我们现在已经意识到周围的世界是非常混乱的，我们也是混乱的。这种认知是一种看待我们自己的方式。

我们之所以能够做到这一点，是因为过去改变我们的科学仍然在这样做。因此，我认为当我们开始把世界看作圆的时候——它是圆的这个事实很容易理解——它给了我们一种优越感。但现在我们把世界看作是海洋中的一个小点，我们甚至无法想象或画出它，因为它是如此的流动，我们的优越感正在发生变化。

我猜想在未来我们将会接受这一点——建筑将会转变成更多与系统相关的东西，而不仅仅是与对象相关的东西。

建筑学研究是面向未来的，着眼于学科是什么，建筑学可以成为什么以及它需要成为什么。为此，你的研究可以为建筑学的发展做出贡献——不是作为一套静态的技能以及那些将逐渐不再有用或过时的兴趣，而是作为一个积极参与和反思性实践者的活动，这个实践者了解他们所处世界的各个方面，并且已经花了时间对那里的情况做出适当反应。虽然对材料或可持续建筑的最新形式的技术研究具有不可否认的价值，但建筑仍然需要对其所处的历史、社会和文化作出回应。这些形式的研究同样重要和苛刻的，让你成为变化和发展的一部分，而不是一个被动或被动的旁观者。

建筑学研究可以揭示人与环境之间的相互作用和纠葛，以及建筑材料与建筑技术之间的相互作用和文化价值，在如何考虑建筑材料方面提出前进方向和创新方法。这提供了讨论建筑对其使用者的代理程度的机会；反之亦然，为你提供了一系列与西方建筑经典模型的真实世界相去甚远的问题。

此外，作为研究者，你的活动可以对建筑环境的认知作用提出见解——它不仅会影响我们的心理状态，还会影响我们的行为模式，影响我们在这个世界上的存在方式。除了简单区分家庭环境的亲密性和机构建筑的乏味控制之外，我们还能从环境心理学对建筑的评估中学到什么？既然建筑能够改变人的精神状态和情绪，我们又能提出什么样的主张呢？

建筑总是发生在历史背景中，虽然这是建筑研究最熟悉的路径之一，但它提供了进一步的机会和理解方式。我们对建筑历史的理解总是新鲜的，并通过我们所写的时间来过滤。现在哥特式建筑已经不同于普金（Pugin）的时代了，我们现在像它那样建造是不合适的。历史建筑是一个参考点，可以而且应该在你的设计实践中被调动起来，与当下持续相关，并为深入调查提供先例。

建筑环境在本质上只能是政治性的。和生活的其他方面一样，在任何一个项目的建设过程中，都有一系列复杂的、常常相互矛盾的利益在发挥作用。不仅仅是日常新闻报道中的政党政治，建筑的这种政治方面还向专业人士提出了一些难题，这些难题往往超出了从业者的控制范围。这可能包括建筑监管和规划控制等机构的大规模政治活动，也包括装饰风格的影响、建筑为谁服务的问题，以及建筑在更广泛的社会经济环境中的地位。建筑是一种公共的、公民的存在，并具有民主潜力。

在过去的 100 年里，各种各样的哲学思想为建筑研究提供了信息。它并不是要把这些兴趣当作纯粹的时尚而抹去，而是要理解这种兴趣对你设计的内容和方式以及如何理解周围建筑都有影响。在文学运动之后，解构主义提出了关于建筑本质的严肃问题。作者在建筑中的角色是什么，它对于居住在那里的人的不同解读有多开放？现象学的方法以几何学的绝对抽象以外的方式考虑我们对世界的体验，而这种记忆、联想、感觉和时间性的集合有助于形成一个地方的独特感觉。

民族志研究建立在访谈的基础上，并要求建筑师不要做出假设，而是要真正了解人们的生活方式和想法。这涉及对你工作团队的尊重，并接受没有单一的生活方式，没有我们可以或应该遵守的规范。这是一个重大的挑战因为它经常要求一种方法论上的无神论，一种方法论上的庸俗主义。你自己的观点并不重要，因为你的研究尽可能多地是关于提供消息者。

值得总结的是，独特的建筑研究应该是什么样的。长期以来，建筑一直是一门向他人寻求方法和想法的学科，但这有时会忽视建筑本身的实践。绘画、图表以及其他形式的图形表达是建筑设计的一个组成部分，也可以是建筑研究的一个同样重要的方面，将你的输出重新塑造为写作和绘画之间的对话，不同研究模式之间的协作，适合建筑师的实践方式。我希望这本书不仅仅是进行建筑研究的指南，而是提出这样一个问题："建筑研究可以是什么？"答案可能是令人惊讶的、严谨的，最重要的是对我们理解和设计建筑环境是有用的。

术语表

Analysis 分析：从一组数据中理解和提取相关信息的过程。分析可以说是从数据中得出的结论。

Anthropology 人类学：人类学是一门社会科学，研究人们理解生活的不同方式。它尤其擅长挑战基于我们自身生活方式的假设。它是与建筑学跨学科合作最富有成效的领域之一。

Aspirational architecture 有抱负的建筑：建筑环境可以改善生活的信念和意图。

Commodity status 商品状态：物质文化研究中的一个术语，这种状态表示某物属于经济交换的程度。该所有物的性质称为其商品状态。

Critical discourse analysis 批评性话语分析：假设每一种文化生产形式的方法论都包括对其产生的更广泛背景的一系列反思。批评性话语分析旨在分析文化现象的潜在、隐藏或不那么明显的方面。

Cross-sectional studies 横断面研究：在短时间内或单一时间内从特定人群中收集数据的研究。

Cultural indicators 文化指标：属于特定文化或社会的外在可见迹象。这些通常被故意用来构建身份感。

Dialectics 辩证法：一种哲学方法，用于将研究构建为辩论或话语：呈现论点的双方以推论得出结论。

Dichotomy 二分法：分割或对比。例如局部与全局之间，或主观与客观之间。这一术语经常被认为是"错误的二分法"，其中一系列条件更合适。

Discipline 学科：一个专业领域，一个研究领域，一个独立的实践集合，或者三者兼而有之。与其他学科合作被称为跨学科或跨专业。

Emic 主位：在研究当代建筑如何在世界上运作时，主位的描述产生于文化内部。建筑环境的街景。另见"客位"。

Enlightenment rationalism 启蒙理性主义：使用逻辑、推理和科学来解决问题并获得理解。这往往与浪漫主义传统相反，后者更为直观。

Entanglement 纠葛：认为人和事物永远不会彼此孤立，必须以相互依赖的方式来对待。

Environmental psychology 环境心理学：研究人们如何与环境互动，以及环境对他们有何影响的研究。

Ethnography 民族志：人与文化的探索，从主题的角度看待现象。关注人们说什么，他们怎么说，他们做了什么，以及这些有什么不同。民族志是一种依赖于实地工作的研究方法，与居住在那里的人共度时光。

Etic 客位：在研究当代建筑如何在世界上运作时，客位的描述是从一个置身于所讨论的文化或活动之外的观察者的角度出发的。建筑环境鸟瞰。鸟瞰建筑环境。另见"主位"。

Inscriptive practices 铭文实践：使用绘图、符号、制图和图表等方法来获得对事物的理解。这里优先考虑的是绘画的绘制过程，而不是视觉文化研究建议的材料分析。

Longitudinal studies 纵向研究：长期观察相同变量的研究。

Material culture 物质文化：一种研究方法认为物质有重要的东西要告诉我们。通常在有传记或记叙文的物质方面进行讨论，这其中包括将它们作为原材料提取和组装的实践，以及它们可能具有的任何文化关联。

Modernism 现代主义：一个多方面的术语，指的是一系列跨经济、政治、艺术和科学相关的运动。在建筑学中，这与城市化、工业化、全球化和新材料以及相关的建筑风格有关，这种风格的细节和形式反映了方案的功能。这种功能主义在随后的运动中受到批判，如后现代主义或新城市主义。

People-environment studies 人 – 环境研究：与环境心理学相关，这是一项多学科研究，致力于了解我们与环境互动的多种方式，以及环境对我们的影响。

Phenomenology 现象学：研究一种现象的有意识体验，即事物作为个体向我们显现或显现的方式。现象学认为主观性不仅是不可避免的，而且是理解的必要条件。

Procurement 采购：原材料的购买及其获取方式，例如开采或养殖。

Restorative environments 恢复性环境：有助于健康生活方式并带来诸如从紧张或疲劳中恢复过来的好处的建筑和自然环境。

Sensory notation 感官符号：一种对城市空间进行多感官描述的系统，旨在鼓励我们所有感官的设计，而不是假定的视觉偏见。

Utopia 乌托邦：通常指一个理想的地方，但最初这个词的意思是"无处"或"任何地方"。乌托邦式的建筑往往缺乏背景、场地、位置，最终失败。

Vernacular architecture 乡土建筑：没有专业建筑师介入的构筑物，产生于当地传统，并导致了当地建筑语言的建立。

参考文献

Adam, R. *The Globalisation of Modern Architecture: the Impact of Politics, Economics and Social Change on Architecture and Urban Design Since 1990*. Cambridge Scholars Publishing, 2013.

Adorno, T. *Aesthetic Theory*. London: Bloomsbury, 2013 [1970].

Appadurai, A. (Ed.) *The Social Life of Things*. Cambridge: Cambridge University Press, 1986.

Atkinson, P. A., Delamont, S. & Coffey, A. (Eds.). *Handbook of Ethnography*. Sage Publications, 2007.

Augé, M. *Non-Place: Introduction to an Anthropology of Supermodernity*. London: Verso Books, 2009.

Banham, R. *Los Angeles: The Architecture of Four Ecologies*. University of California Press, 2009.

Banham, R. *The Architecture of the Well Tempered Environment*. Oxford: The Architectural Press, 1969.

Banham, R. *Theory and Design in the First Machine Age*. Cambridge, Massachusetts: MIT Press, 1980.

Barthes, R. *Image, Music, Text*. New York: Fontana Press, 1971.

Baudrillard, J. *Simulacra & Simulation*. Michigan: University of Michigan Press, 1994.

Belardi, P. *Why Architects Still Draw*. Cambridge, Massachusetts: MIT Press, 2014.

Benjamin, W. *Illuminations*. London: Pimlico, 1999.

Benton, T., Benton, C. & Sharp, D. (Eds.), *Form and Function: A Source Book for the History of Architecture and Design 1890-1939*. London: Crosby Lockwood Staples/ Open University Press, 1975.

Bergson, H. *The Creative Mind: An Introduction to Metaphysics*. Andison, M. L. Trans. New York: Citadel Press, 1992.

Bergson, H. *Time and Free Will: an essay on the immediate data of consciousness*. New York: Dover Publications, 2001 [1889].

Bollnow, O.F. *Of Human Space*. London: Hyphen Press, 2011.

Bourdieu, P. *The Logic of Practice*. Cambridge: Polity Press, 1990[1980].

Brunskill, R.W. *Vernacular Architecture: an Illustrated Handbook*. London: Faber & Faber, 2000.

Buchli, V. 'Khrushchev, Modernism and the Fight Against Petit-Bourgeois Consciousness in the Soviet Home' in Buchli, V. (Ed.) 2002. The *Material Culture Reader*, pp.207-236. Oxford: Berg, 2002.

Buchli, V. *An Archaeology of Socialism*. Oxford: Berg, 2000.

Cairns, S. & Jacobs, J.M. *Buildings Must Die: a Perverse View of Architecture*. Cambridge, Massachusetts: MIT Press, 2014.

Canizaro, V.B. *Architectural Regionalism: Collected Writings on Place, Identity, Modernity and Tradition*. Princeton Architectural Press, 2006.

Casey, E. *Representing Place: Landscape Painting and Maps*. University of Minnesota Press, 2002.

Casey, E. *Getting Back into Place: Toward a Renewed Understanding of the Place-World*. Indiana University Press, 2009.

Casey, E. *The Fate of Place: a Philosophical History*. University of California Pres, 2013.

Charley, J. *Memories of Cities: Trips and Manifestoes*. Farnham: Ashgate, 2013.

Chion, M. *Voice in Cinema*. Columbia University Press, 1999.

Clifford, J. & Marcus, G. (Eds.)*Writing Culture*. Berkeley: University of California Press, 1992.

Conrads, Ulrich (Ed.). *Programs and Manifestoes on 20th Century Architecture*. Cambridge, Massachusetts: MIT Press, 1971.

Curtis, W. *Modern Architecture Since 1900*. London: Phaidon Press, 1990.

Danchev, Alex (Ed.). *100 Artist' Manifestos from the Futurists to the Stuckists*. London: Penguin, 2011.

Daniels, I. (Author) & Andrews, S. (Photographer) *The Japanese Home: Material Culture in the Modern Home*. Oxford: Berg, 2010.

Dawson, A., Hockey, J. & James, A. (Eds.). *After Writing Culture*. London: Routledge, 1997.

De Certeau, M. *The Practice of Everyday Life*. Berkeley & Los Angeles: University of California Press, 1984.

Debord, G. *The Society of the Spectacle*. New York: Zone Books, 1994 [1968].

Deleuze, G.*Cinema 2: The Time Image*. London: Athlone Press, 1994.

Deleuze, G. *Difference & Repetition*. London: Bloomsbury, 2014.

DeNora, T. *After Adorno: Rethinking Music Sociology*. Cambridge University Press, 2003.

Derrida, J. *Of Grammatology*. Baltimore: John Hopkins University Press, 1998.

Eisenman, P. *Ten Canonical Buildings*. New York: Rizzoli, 2008.

Eisenman, P. *House X*. New York: Rizzoli, 1982.

Eisenman, P. *The Formal Basis of Modern Architecture*. Lars Muller Publishers, 2006 [1963].

Eisenstein, S. *Film Form: Essays in Film Theory*. Mariner Books, 2014 [1949].

Emerson, R. M. *Writing Ethnographic Fieldnotes*. University of Chicago Press, 1995.

Evans, R. 'In Front of Lines That Leave Nothing Behind' in Hays, K.M. (Ed.). *Architecture Theory Since 1968*. Columbia University Press, 1984.

Evans, R. *Translations from Drawing to Building and Other Essays*. London: Architectural Association, 1996.

Evans, R. *The Projective Cast: Architecture and its Three Geometries*. Cambridge, Massachusetts: MIT Press, 2000.

Foucault, M. *Discipline and Punish: the Birth of the Prison*. London: Penguin Books, 1991.

Frampton, K. *Studies in Tectonic Culture: The Poetics of Construction in Nineteenth and Twentieth Century Architecture*. Cambridge, Massachusetts: MIT Press, 2001.

Frampton, K. *Labour, Work, Architecture: Collected Essays on Architecture and Design*. London: Routledge, 2002.

Gehl, J. *How to Study Public Life: Methods in Urban Design*. Island Press, 2013.

Gell, A. *Art and Agency: An Anthropological Theory*. Oxford: Clarendon Press, 1998.

Gibson, J. J. *The Senses Considered as Perceptual Systems*. Westport, Connecticut: Greenwood Press, 1983.

Gibson, J. J. *The Ecological Approach to Visual Perception*. Westport, Connecticut: Greenwood Press, 1986.

Glassie, H. *Vernacular Architecture*. Indiana University Press, 2000.

Goodenough, W. 'Describing a Culture', Description and Comparison in Cultural Anthropology. Cambridge, Cambridge University Press, 1970. pp. 104–119.

Gould, P. & White, R. *Mental Maps*. London: Routledge, 1984.

Gray, C. *Visualising Research: A Guide to Research Process in Art and Design*. Farnham: Ashgate, 2004.

Gunn, S. & Faire, L. (Eds.). *Research Methods for History*. Edinburgh: Edinburgh University Press, 2011.

Gunn, W. (Ed.). *Creativity and Practice Research Papers: A Series of Publications Exploring the Interfaces Between the Knowledge Traditions of Fine Art, Architecture and Anthropology*. Dundee: Creativity and Practice Research Group, 2005.

Gunn, W. & Donovan, J. (Eds.). *Design and Anthropology (Anthropological Studies of Creativity and Perception)*. Farnham: Ashgate, 2012.

Gunn, W., Otto, T. & Smith, R. C. (Eds.). *Design Anthropology: Theory and Practice*. London: Bloomsbury, 2013.

Gunn, W. *The social and environmental impact of incorporating computer aided design technology into an architectural design process*. Unpublished PhD thesis, University of Manchester, 2002.

Gunn, Wendy (Ed.) *Fieldnotes and Sketchbooks*. Peter Lang Books, 2009.

Harris, M. 'The Epistemology of Cultural Materialism', Cultural Materialism: The Struggle for a Science of Culture. New York: Random House, 1980. pp. 29–45

Harvey, D. *The Condition of Postmodernity*. London: Wiley-Blackwell, 1991.

Harvey, D. *Rebel Cities: from the Right to the City to the Urban Revolution*. London: Verso Books, 2013.

Hausenberg, A. & Simons, A. *Architectural Photography: Construction and Design Manual*. Jovis Verlag, 2012.

Hays, K.M. (Ed.). *Architectural Theory Since 1968*. Cambridge, Massachusetts: MIT Press, 2000.

Heidegger, M. (author) Farrell Krell, D (Ed.), 'Building Dwelling Thinking' in *Basic Writings*. London: Routledge, 1993[1978]. pp. 344-363.

Heidegger, M. 1978. *Being and Time*. London: Blackwell.

Heinrich, M. 2008. *Basics: Architectural photography*. Berlin: Birkha user.

Hillier, B. & Hanson, J. *The Social Logic of Space*. Cambridge University Press, 1989.

Hodder, I. *Entangled: an Archaeology of the Relationships Between Humans and Things*. London: John Wiley & Sons, 2012.

Houdart, S. *Kuma Kengo: an Unconventional Monograph*. Paris: Editions Donner Lieu, 2009.

Hughes, Jonathan & Sadler, Simon (Eds.). *Non-Plan: Essays on Freedom, Participation and Change in Architecture and Urbanism*. Oxford: The Architectural Press, 1999.

Hutchinson-Guest, A. *Choreo-Graphics: A Comparison of Dance Notation Systems From the Fifteenth Century to the Present*. Amsterdam: Gordon and Breach, 1989.

Ingold, T. *The Perception of the Environment: Essays in Livelihood, Dwelling and Skill*. London: Routledge, 2000.

Ingold, T. *Lines: A Brief History*. London: Routledge, 2007.

Ingold, T. *Making: Anthropology Archaeology, Art & Architecture*. London: Routledge, 2013.

Ingold, T. with R Lucas. 'The 4 A's (Anthropology, Archaeology, Art and Architecture): Reflections on a Teaching and Learning Experience.' in Harris, M (Ed.) *Ways of Knowing: New Approaches in the Anthropology of Knowledge and Learning*, Oxford: Berhgahn Books, 2007.

Isozaki, A. *Japan-ness in Architecture*. Cambridge, Massachusetts: MIT Press, 2006.

Jencks, Charles & Kropf, Karl (Eds.). *Theories and Manifestoes of Contemporary Architecture*. Academy Editions, 1997.

Kipling Brown, A. with M Parker. *Dance Notation for Beginners: Labanotation, Benesh Movement Notation*. London: Dance Books, 1984.

Kopelow, G. *How to photograph buildings and interiors*. New York: Princeton Architectural Press, 2002.

Kuma, K. *Anti-Object*. London: Architectural Association, 2008.

Laaksonen, E., Simons, T. & Vartola, A. (Eds.). *Research and Practice in Architecture*. Helsinki: Rakennustieto Publishing, 1999.

Laban, R. *The language of Movement: A Guidebook to Choreutics*. Boston: Plays Inc, 1966.

Laban, R. & Ullman, L. *The Mastery of Movement*. London: Macdonald & Evans Ltd., 1971.

Landsverk Hagen, A. *Fear and magic in Architect's Utopia: The Power of Creativity among the Snøhettas of Oslo and New York*. Unpublished PhD thesis, University of Oslo, 2014.

Lang, P. & Menking, W. *Superstudio: Life Without Objects*. Skira Editore, 2003.

Le Corbusier. *Towards a New Architecture*. Butterworth, 1989 [1923].

Leach, A. *What is Architectural History?* Polity Press, 2010.

Lefaivre, L. & Tzonis, A. *Architectural Regionalism in the Age of Globalisation: Peaks and Valleys in the Flat World*. London: Routledge, 2011.

Lefebvre, H. *The Production of Space*. London: Wiley-Blackwell, 1991.

Lefebvre, H. *Writings on Cities*. London: Wiley-Blackwell, 1995.

Lefebvre, H. *The Critique of Everyday Life*. London: Verso Books, 2014.

Loos, A. *Ornament and Crime*. Ariadne Press, 1998.

Lucas, R & Romice, O. 'Representing Sensory Experience in Urban Design' in *Design Principles and Practices: an International Journal*. Volume 2, Issue 4, pp.83-94. Common Ground Publishers, 2008.

Lucas, R; Mair, G & Romice, O. 'Making Sense of the City: Representing the Multi-modality of Urban Space' in Inns, T. (Ed.), *Designing for the 21st Century: Interdisciplinary Methods & Findings*. Ashgate, 2009.

Lucas, R. 'Inscribing the City: A Flâneur in Tokyo'. *Anthropology Matters special issue: Cities*, 2004. www.anthropologymatters.com

Lucas, R. 'Getting Lost in Tokyo', in Gunn, W. Ed. *Creativity and Practice Research Papers*. Dundee: Centre for Artists Books / Creativity & Practice Research Group, 2005.

Lucas, R. 'Taking a Line for a Walk: Flânerie, Drifts, and the Artistic Potential of Urban Wandering.' in Ingold, T & Lee Vergunst, J (Eds.) *Ways of Walking: Ethnography and Practice on Foot*, Ashgate, 2008a.

Lucas, R. 'Getting Lost in Tokyo' in *Footprint*, Delft School of Design Journal, Issue 2, 2008a. www.footprintjournal.org/issues/current

Lucas, R. 'Acousmêtric Architecture: Filmic Sound Design and its Lessons for Architects' in *City in Film: Architecture, Urban Space and the Moving Image Conference Proceedings*, 2008c. University of Liverpool,

Lucas, R. 'Chion's Acousmêtre in Transit Space' in Bunn, S. (Ed.), *Sound & Anthropology*, 2008d. University of St Andrews. www.st-andrews.ac.uk/soundanth/work/lucas/

Lucas, R. 'The Sensory Experience of Sacred Space: Senso-Ji and Meiji-Jingu, Tokyo' in *MONU: Magazine on Urbanism*. Issue 10: Holy Urbanism, pp.46-55. Rotterdam: Board Publishers, 2009a.

Lucas, R. 'Designing Ambiances: Vocal Ikebana and Sensory Notation' in *Creating an Atmosphere Proceedings 2008*. Grenoble: CRESSON, 2009b. www.cresson.archi.fr/AMBIANCE2008-commSESSIONS.htm

Lucas, R. 'Gestural Artefacts: Notations of a Daruma Doll.' in Gunn, W (Ed.). 2009. *Fieldnotes and Sketchbooks: Challenging the Boundaries Between Descriptions and Processes of Describing*. Peter Lang Publishers, 2009c.

Lucas, R. 'Designing a Notation for the Senses' in *Architectural Theory Review Special Issue: Sensory Urbanism*, Spring 2009 Issue. Volume 14, Issue 2, p173. 2009d.

Lucas, R. 'The Instrumentality of Gibson's Medium as an Alternative to Space' in *CLCWeb Special Issue: Narrativity and the Perception/*

Conception of Landscape. Purdue University Press, 2012. http://docs.lib.purdue.edu/clcweb/vol14/iss3/5/.

Lucas, R. & Romice, O. 'Assessing the Multi-Sensory Qualities of Urban Space' in *Psyecology*, Volume 1, Issue 2, p263-276, 2010.

Lucas, R. 'The Sketchbook as Collection: a Phenomenology of Sketching' in Bartram, A., El-Bizri, N., Gittens, D. (Eds). *Recto-Verso: Redefining the Sketchbook*. Farnham: Ashgate, 2014.

Lucas, R. 'Towards a Theoretical Basis for Anthropological People-Environment Studies.' in Edgerton, E., Thwaites, K., & Romice, O. (Eds.). *Advances in People-Environment Studies: Human Experience in the Natural and Built Environment*. Göttingen: Hogrefe Publishing, 2014.

Lucas, R. *Filmic Architecture: an exploration of film language as a method for architectural criticism and design*. Unpublished MPhil by Research, Glasgow: University of Strathclyde, 2002.

Lynch, K. The Image of the City. Cambridge, Massachusetts: MIT Press, 1960.

Mauss, M. *The Gift*. London: Routledge, 2002[1954].

Meneley, A. & Young, D. (Eds.). *Auto-ethnographies: The Anthropology of Academic Practices*. Broadview Press, 2005.

Merleau-Ponty, M. *The Phenomenology of Perception*. London: Routledge, 2002.

Miller, D. *The Comfort of Things*. London: Polity Press, 2009.

Miller, D. *Stuff*. Cambridge: Polity Press, 2010.

Moore, Thomas. *Utopia*. London: Penguin Classics, 2012 [1516],

Nesbitt, K. (Ed.). *Theorising a New Agenda for Architecture: Anthology of Architectural Theory 1965-95*. Princeton Architectural Press, 1996.

Orwell, G. *Why I Write*. London: Penguin, 1994.

Pardo, A., Redstone, E. & Campany, D. *Constructing Worlds: Photography and Architecture in the Modern World*. Prestel, 2014.

Pevsner, N. *An Outline of European Architecture*. London: Thames & Hudson, 2009.

Pevsner, N. *Visual Planning and the Picturesque*. Getty Research Institute, 2010.

Pickering, M. & Griffin, G. (Eds.). *Research Methods for Cultural Studies*. Edinburgh: Edinburgh University Press, 2008.

Pike, K. (Ed.). Language in Relation to a Unified Theory of Structure of Human Behavior, The Hague: Mouton, 1967.

Pink, S. *Home Truths: Gender, Domestic Objects and Everyday Life*. Oxford: Berg, 2004.

Pink, S. *Doing Visual Ethnography*. Sage Publications, 2013.

Pink, S. *Doing Sensory Ethnography*. Sage Publications, 2015.

Redstone, E., Gadanho, P. & Bush, K. *Shooting Space: Architecture in Contemporary Photography*. London: Phaidon Press, 2014.

Reed-Danahay (Ed.). *Auto/Ethnography: Rewriting the Self and the Social*. Oxford: Berg, 1997.

Rendell, J., Borden, I., Kerr, J. & Pivaro, A. (Eds.). *Strangely Familiar: Narratives of Architecture and the City*. London: Routledge, 1995.

Rendell, J. *The Pursuit of Pleasure: Gender, Space and Architecture in Regency London*. London: the Athlone Press, 2005.

Rkywert, J. *On Adam's House in Paradise*. Cambridge, Massachusetts: MIT Press, 1981.

Rkywert, J. *The Dancing Column: on Order in Architecture*. Cambridge, Massachusetts: MIT Press, 1998.

Rkywert, J. *The Judicious Eye: Architecture Against the Other Arts*. Cambridge, Massachusetts: MIT Press, 2008.

Rowe, C. & Koetter, F. *Collage City*. Cambridge, Massachusetts: MIT Press, 1978.

Rowe, C. *The Mathematics of the Ideal Villa and Other Essays*. Cambridge, Massachusetts: MIT Press, 1976.

Rykwert, J. *On Adam's House in Paradise*. Cambridge, Massachusetts: MIT Press, 1981.

Sadler, S. *The Situationist City*. Cambridge, Massachusetts: MIT Press, 1998.

Schlereth, T. J. *Material Culture: A Research Guide*. University Press of Kansas, 1986.

Schön, D. *The Reflective Practitioner: How Professionals Think in Action*. New York: Basic Books, 1984.

Sharr, A. *Heidegger for Architects*. London: Routledge, 2007.

Sharr, A. *Heidegger's Hut*. Cambridge, Massachusetts: MIT Press, 2006.

Shulz, A. *Architectural Photography: Composition, Capture, and Digital Image Processing*. Rocky Nook, 2012.

Sullivan, L. *The Tall Office Building Artistically Considered*. Getty Research Institute, 1896. https://archive.org/details/tallofficebuildi0osull (accessed 29/11/14),

Tafuri, M. *Interpreting the Renaissance: Princes, Cities, Architects*. New Haven, Connecticut: Yale University Press, 2006.

Tafuri, M. *Architecture and Utopia: Design and Capitalist Development*. Cambridge, Massachusetts: MIT Press, 1976.

Tafuri, M. *Theories and History of Architecture*. Cambridge, Massachusetts: MIT Press, 1981.

Tafuri, M. *Venice and the Renaissance*, Cambridge, Massachusetts: MIT Press, 1995.

Temple, N. & Bandyopadhyay, S. (Eds.). *Thinking Practice: Reflections on Architectural Research and Building Work*. Black Dog Publishing, 2007.

Thwaites, K. & Simkins, I. *Experiential Landscape*. London: Routledge, 2006.

Thwaites, K., Porta, S., Romice, O. & Edgerton, E. (Eds.). *Urban Sustainability Through Environmental Design: Approaches to Time-People-Place Responsive Urban Spaces*. London: Taylor & Francis, 2007.

Tschumi, B. *The Manhattan Transcripts*. London: Academy Editions, 1994.

Unwin, S. *Analysing Architecture*. London: Routledge, 2003.

van der Hoorne, M. *Indispensable Eyesores: an Anthropology of Undesired Buildings*. Berghahn Books, 2009.

Van Maanen, J. *Tale of the Field: on Writing Ethnography*. University of Chicago Press, 1988.

Venturi, R, Scott Brown, D & Izenour, S. *Learning From Las Vegas* (Revised Edition). Cambridge, Massachusetts: MIT Press, 1997 [1977].

Ward, K. *Researching the City: A Guide for Students*. Sage Publications, 2013.

Yaneva, A. *The Making of a Building: a Pragmatist Approach to Architecture*. Peter Lang Verlag, 2009.

Yaneva, A. *Made by the Office for Metropolitan Architecture: an Ethnography of Design*. Rotterdam: 010 Publishers, 2009.

致谢

这本书包含了迄今为止我职业生涯中一系列研究项目和合作的素材。该研究得到了一系列机构的支持，包括艺术与人文研究理事会（AHRC）、工程与物理科学研究理事会（EPSRC）、欧洲研究理事会（ERC）以及以大学为基础的组织，如曼彻斯特艺术与设计研究所（曼彻斯特城市大学 MIRIAD）和曼彻斯特大学的机构基金。

我在斯特拉思克莱德大学与导师佩尔·卡特维特（Per Kartvedt）合作的早期项目，帮助我建立了对建筑学研究议程。这一次还包括与乔纳森·查利（Jonathan Charley）、奥伦·利伯曼（Oren Lieberman）和加文·伦威克（Gavin Renwick）在内的许多人合作，我对他们每一个人都感激不尽。我的博士导师提姆·英戈尔德（Tim Ingold）让我的思维更加严谨，并鼓励对界定我们作为人类的基本活动的理解。这种合作一直持续到今天，从创意和实践研究小组开始，在那里我得到了温迪·甘恩（Wendy Gunn）、默多·麦克唐纳（Murdo MacDonald）、桑德拉·麦克尼尔（Sandra MacNeil）和亚瑟·沃森（Arthur Watson）小组的支持，并发展形成了ERC资助的内部项目，我认为自己很幸运能与包括（但不限于）迈克·阿努萨斯（Mike Anusas）、斯蒂芬妮·邦恩（Stephanie Bunn）、艾米莉亚·费拉罗（Emilia Ferraro）、阿曼达·拉维茨（Amanda Ravetz）、安妮·道格拉斯（Anne Douglas）、珍·克拉克（Jen Clarke）、乔·李·弗根斯特（Jo Lee Vergunst）、格里特·谢尔德曼（Griet Scheldeman）和雷切尔·哈克尼斯（Rachel Harkness）等人一起工作；每个人都对我的研究方法做出了很大的贡献。

进一步的研究报告在爱丁堡大学和斯特拉斯克莱德大学，这里同事的帮助对我的研究至关重要。还有很多人帮助了我，理查德·科因（Richard Coyne），彼得·纳尔逊（Peter Nelson），马丁·帕克（Martin Parker），沃尔夫冈·索恩（Wolfgang Sonne），姆布塔·罗麦斯（Ombretta Romice），戈登·梅尔（Gordon Mair），斯蒂芬·凯恩斯（Stephen Cairns）和威廉·麦卡内斯（William Mackaness）都应该特别感谢他们帮助我跨越了建筑、音乐、声音设计、数字设计、地理、城市设计、产品设计等学科界限。

在过去的六年里，曼彻斯特建筑学院一直是我的学术之家；首先是曼彻斯特城市大学，然后是曼彻斯特大学。在整个过程中，我的图形人类学、世界城市主义和其他课程和工作室的学生通过提出正确的问题、寻求解答、参与他们自己的研究问题，为这本书的形成提供了很大帮助。过去和现在提供过帮助的同事（通常不知道给予过帮助）包括，但不限于：汤姆·杰弗里斯（Tom Jefferies）、阿尔贝纳·亚涅娃（Albena Yaneva）、科林·普（Colin Pugh）、埃蒙·坎尼夫（Eamonn Canniffe）、尼克·邓恩（Nick Dunn）、理查德·布鲁克（Richard Brook）、贝基·索贝尔（Becky Sobell,）、艾米·汉利（Amy Hanley）、里克·达加维尔（Rick Dargavel）、莎莉·斯通（Sally Stone）、达伦·迪恩（Darren Deane）、大卫·布里坦（David Brittain）、大卫·哈利（David Haley）等。

Laurence King 出版社在这个项目中所表现出来的信念在整个出版过程中都是令人振奋的，我非常感谢菲利普·库珀（Philip Cooper）、利兹·费伯（Liz Faber）和盖纳·佩蒙（Gaynor Sermon），感谢他们在指导我完成出版过程中所表现出的耐心和直率。还要感谢我最后一章的两位受访者，罗伯特·亚当（Robert Adam）和克雷格·戴克斯（Craig Dykers），他们慷慨地付出了他们的时间和智慧。

最重要的是要感谢我的家人。我的父母桑德拉·卢卡斯（Sandra Lucas）和安德鲁·卢卡斯（Andrew Lucas）在我早期的职业生涯中一直支持着我，他们经常对我的工作会带我进入的奇怪方向感到困惑，多年来，他们忍受厨房里的画板，听我排练争论并大声思考。没有他们的理解、支持和牺牲，我就不可能从事研究。近来这种支持来自我出色的妻子莫拉格（Morag），当我没时间的时候，她给了我耐心的建议，她忍受了我踱来踱去，凝视着远方，而我却在思考如何表达一些东西。作为一名职业档案保管员，莫拉格还为档案研究部分的筹备工作提供了宝贵的帮助。

　　书中所有图片均为作者版权所有。

译后记

    从 2020 年新冠疫情期间在武汉家中翻译完成初稿、到今年 2 月修改润色，再到 8 月校对书稿，如今写下这篇后记，不知不觉过去了一年有余。在这一年的时间里，我完成了从博士研究生到大学老师的转变。这是我翻译的第一本译著。即便我如此与其较真，完稿后却还是总觉得值得仔细商榷、应该重新推敲的地方太多了；因此，敬请读者朋友们向我指出不足、提出意见，我愿洗耳恭听、多多益善。

    在英国攻读博士期间，我有幸在 2017 年英国伯明翰第十四届建筑人文研究协会举办的"建筑、节日和城市"会议中聆听到雷·卢卡斯教授关于"三社祭（Sanja Matsuri）的图形人类学"的大会主旨报告。从那时起，我便开始关注雷·卢卡斯教授的学术工作。其中他的《建筑学人文研究方法》一书对我的博士论文产生了很大的影响。所以翻译这本书的初衷是想让更多对建筑感兴趣的中国学者和学生了解建筑研究方法的多样性。

    简单来说，这本书是对现有建筑理论类图书的一个坚实而实用的补充；以教科书的形式开始，假设读者在该学科有一定的基础，但没有广泛的知识，从理论到实践，对建筑研究和调查进行了描述性和规范性的探索。其中列举了很多生动的实践项目，逻辑清晰的章节安排，运用了大量的彩色图片，这都有助于读者的理解。

这本书通俗易懂，不仅仅强烈推荐给那些涉及建筑学相关的学者，那些艺术或人文学科的学者也会感兴趣，因为该书强调了建筑的多学科性质。《建筑学人文研究方法》对于建筑学、人类学、设计学等相关学科的学生来说，均是一本重要读物。对于一年级的建筑或者设计学科的学生，这本书可以帮助他们初步认识研究方法；对于高年级相关专业的学生或者有论文写作需求的研究者而言，这本书不可或缺。

本译著能够顺利完成并出版，离不开出版社、学校、老师们和父母的关心和帮助。首先由衷地向中国建筑工业出版社表示诚挚地谢意，非常感谢戚琳琳主任编辑，没有您的积极推动和帮助，也就很难有这本译著的面世；衷心感谢浙江理工大学学术著作出版资金（2020 年度）专项资助，尤其是艺术与设计学院院长朱旭光教授和科研院领导给予大力支持和鼓励！特别感谢原著作者雷·卢卡斯，完成如此出色的专著，身体抱恙期间仍欣然为此书在中国出版专对中国读者作序；感谢我的英国博士导师肖捷苓老师引荐原著作者为此书作序；感谢姚崇怀老师、王彩云老师、潘曦老师等专家教授在本译著选题组稿阶段提出的宝贵意见！最后，感谢我最挚爱的父母，他们给予了我无微不至的关怀和培养，自始至终都是我成长最坚强的后盾！

冯慧超博士，武汉

2021 年 8 月